Gerhard   Rohlfs

Von Tripolis nach Alexandrien

2. Band

Gerhard Rohlfs

Von Tripolis nach Alexandrien
2. Band

ISBN/EAN: 9783337198664

Hergestellt in Europa, USA, Kanada, Australien, Japan

Cover: Foto ©berggeist007 / pixelio.de

Weitere Bücher finden Sie auf **www.hansebooks.com**

Von
Tripolis nach Alexandrien.

Beschreibung
der im Auftrage Sr. Majestät des Königs von Preussen
in den Jahren 1868 und 1869 ausgeführten Reise

von

Gerhard Rohlfs.

Mit einer Photographie, zwei Karten, vier Lithografien
und vier Tabellen.

Zweiter Band

1871

In der Jupiter-Ammons-Oase gefundene Münzen.

Inhalts-Verzeichniss.

Barca
Von Cyrene über Bengasi nach Audjila
Audjila und Djalo
Die libysche Wüste zwischen Djalo und der Oase des Ammon
Die Jupiter Ammons-Oase
Von der Ammons-Oase nach Egypten

_{Seite 1} Barca.

Wie die Alten schon über die Grenzen der Cyrenaica uneins waren, da weder im West noch Süden bestimmte Marken gezogen waren, im Ost aber bald nach Ptolemaeus der Chers. mag., nach Plinius und Strabo der Catabathmos als Grenze angenommen wurde; so auch noch heute. Die Araber, diese guten Geographen, rechnen zu Barca, denn so nennen sie, was die Alten und wir mit Cyrenaica bezeichnen, das Land, was von dem Meere im Norden und Westen einerseits, im Süden vom Fareg und der Wüste, im Osten von Akabat el kebir andererseits, umringt wird. Fast ähnliche Grenzen nehmen die Türken an, nur dass sie die weit nach Süden zu gelegenen Oasen Audjila und Djalo ebenfalls mit zu Barca zählen.

Wir beschäftigen uns hier nur mit dem eigentlichen Plateau von Barca, welches eine längliche von Westen nach Osten gezogene Gestalt hat. Ungefähr von gleicher Grösse wie die Insel Sardinien fällt dasselbe nach Nordwest und Norden zu schroff ins Meer, ebenso der schmale _{Seite 2}Ostrand nach dem Golfe von Bomba zu, im Süden und im Südwesten sind sanfte Uebergänge zur See, und mittelst der Steppe zur Wüste. Das eigentliche Hochland besteht durchaus aus Kalkstein, der dick mit röthlichem Humus belegt ist. An den Schluchten, wo dieser Kalkstein aus feinen oft mikroscopischen Muscheln gebildet zu Tage liegt, bemerkt man häufige natürliche Höhlen und Stalactitengrotten, ebenso findet man auf dem Plateau selbst noch Petrefacten, Cardien, Pectiniten und Ostreen. Der Boden selbst ist äusserst fruchtbar, Theophrast lobt schon die leichte, durch trockne und reine Luft, belebte Erde. Und in der Neuzeit sagt unser grösster deutscher Geograph, Carl Ritter: „In der That ist es auffallend, dass dieses Land von Europäern unbesetzt, unbesucht blieb, ja selbst erst von neuem entdeckt werden musste, nachdem Phönizier, Carthager, Griechen, Aegypter, Römer dort schon einheimisch gewesen waren.

„Eine europäische Colonie, die sich auf dieser Berginsel ansiedelte, würde durch die gefährliche Syrte im Westen, durch die Steilküste im Norden und die Wüste Sahara im Süden gegen jeden Feind gesichert sein etc. etc."

Ein anderer ausgezeichneter Geograph, Conrad Mannert, sagt von Cyrenaica: „Warum hat sich die gesegnete Gegend so ganz aus dem Blicke des Europäers verloren? Warum ist noch nie der Versuch zu einer neuen für eine Seemacht nicht schweren Ansiedlung gemacht Seite 3worden, welche zugleich den Weg nach den inneren Gegenden von Afrika bahnen würde?"

Es ist allerdings bemerkenswerth, dass dies Kleinod des mittelländischen Meeres sich der Aufmerksamkeit der Europäer so lange entzogen hat. Wären wir nicht von vornherein gegen staatliche Colonisation, so würden wir Oesterreich oder Italien zurufen, erwerbt dies Land und lenkt dort neue Auswanderung hin. In der schmalen Ebene von Bengasi und Tokra bleibt die Bodenbeschaffenheit die nämliche, im Süden aber geht allmälig der röthliche Humus in weisslichen Sandboden über, daher auch die Eingebornen nach dieser äusserlichen Farbe Barka el hamra von Barca el beida unterscheiden. Es scheint nicht, dass Cyrenaica je Schätze des Mineralreiches besessen hätte, denn wenn die Alten Gold, Silber und edle Steine anführen, als Handelsgegenstände, so kamen die sicher aus dem Süden. Ammonisches Salz wird auch oft als ein Product der

Cyrenaica angeführt; nicht dies ist es aber heute mehr, wohl aber Salz, welches das Land selbst producirt[1], und das heute aus den Salzseen bei Bengasi gewonnen wird. Im Alterthum hebt Sinesius noch eine weisse Kreide hervor, die bei Paraetonium gewonnen zu Cement benutzt wurde.

_{Seite 4}Glücklich der Art gelegen, dass Cyrenaica zur grösseren Hälfte vom Meere bespült wird, während der Uebergang zur Wüste nur allmälig mittelst Steppe erfolgt, ist es reichlich mit Pflanzenwuchs gesegnet. Aber trotzdem hat es nur geringe und periodische Wasserläufe, es ist dies eben dadurch bedingt, dass die Hauptabdachungen nach Norden die kürzere, nach Süden die längere, eben beide zu schmal sind, um die Bildung grosser Thäler und Flüsse zu erlauben. Da der höchste Kamm nicht in der Mitte, sondern mehr nach Norden zu, von Osten nach Westen das Land durchzieht, so sind die von ihm entspringenden Thäler, Schluchten und Rinnsäle, kürzer, aber auch, weil sie häufiger und grössere Quantitäten Wasser schwemmen, tiefer und zerrissener. Es liegt dies in der Natur der Sache, da eben die Nordseite des Plateaus bedeutend mehr Feuchtigkeit bekommt, als die längere Südseite.

Buchten an der eigentlichen Insel Cyrenaica sind nur vorhanden nach dem Osten zu. Die Busen von Bomba und Tokra sind aber auch ganz ausgezeichnet. In Bomba konnte 1808 der französische Admiral Gantheames sich vor dem verfolgenden britischen Admiral Lord Collingwood zurückziehen, und entging hiedurch der Gefangennahme. Die übrigen Häfen, welche die Alten benutzten, als Apollonia, Ptolemais, Dernis, Berenice, sind heutzutage ganz unbrauchbar, doch liesse sich _{Seite 5}das alte Berenice mit leichter Mühe wieder zu einem guten Hafen herrichten.

Was Bomba und Tokra anbetrifft, so unternahm Ali Riza Pascha von Tripolis Anfang 1869 einen neuen

Colonisationsversuch, es scheint aber, dass seine Bemühungen gescheitert sind, obgleich die in türkischen Zeitungen veröffentlichten Berichte Anfangs sehr günstig lauteten. Wassermangel und ungenügende Sicherheit des Eigenthums werden wohl Hauptgrund beim Scheitern dieser neuen Besiedlung gewesen sein.

Aeusserst üppig ist die Pflanzenwelt vertreten, von der wir hier nur einen allgemeinen[2)] Ueberblick geben. Wie die Alten schon verschiedene Pflanzenregionen in Cyrenaica unterschieden, uns sogar erzählen, dass man mehrere Ernten abhalten könne, zuerst in der Ebene, dann auf den Abhängen, endlich auf der Hochebene selbst, so auch noch heute. Und wenn Homer die lachende und reiche Fruchtbarkeit des Landes, wenn Pindar die Cyrenaica die Fruchttragende, den Garten des Jupiter und der Venus nennt, wenn Diodor die Cyrenaica den fruchtbarsten Boden schlechtweg heisst, wenn Arrian das Land als krautreich und gut bewässert schildert, wenn Scylax uns die verschiedenen Obstsorten aufführt, so ist eben nichts Uebertriebenes darin, wie wir Seite 6es bei den Alten erwähnt finden, eben so reich, so üppig, so ergiebig ist heute noch die Pflanzenwelt.

In der That glaubt man, sobald man sich aus der Stadt Bengasi entfernt und im Anfange der Küste folgend, ins Innere begiebt, fortwährend in einem lachenden Garten zu sein. Die üppigsten Blumenwiesen werden durchschnitten und der Fernblick ist überall gehemmt durch Lentisken und Myrtengebüsch. Und steigt man die Berge hinauf, sind Rosmarin und Wachholder, grosse Büsche der einfachen weissen Rose da, um heimathliche Erinnerungen wach zu rufen, während an den feuchten Schluchten der rothblühende Oleander und Lorbeerbüsche, die südeuropäischen Länder vertreten. Und diese ist denn auch die eigentliche Vegetation: Dr. Ascherson fand aus den mitgebrachten Pflanzen die grösste Uebereinstimmung mit denen, welche er durch eigne Anschauung auf den Inseln des Mittelmeeres kennen gelernt hatte.

An grossen Bäumen, welche besonders auf dem Plateau und in den nach Norden zu gehenden Thälern vorkommen, nennen wir die kleinblättrige immergrüne Eiche, die oft 150' hohe Cypresse, die Thuya und den Wachholderbaum. Verwildert kommt hier ebenfalls vor der Oelbaum, Feigenbaum, Johannisbrodbaum, Birnbaum; Weinreben aber sind uns nirgends mehr aufgestossen, obschon im Alterthume Wein nebst Oel Hauptausfuhr-Artikel war nach Sicilien und Griechenland. Und wie im Alterthume Cyrce ihre Grotte mit dem wohlriechenden Seite 7Thyon räucherte, so ist auch heute noch ein leiser Rauch eines Wachholderfeuers nicht unangenehm, im Gegentheil, oft erschienen unsere Gräber, die wir mit trocknem Wachholderholz erleuchteten und wärmten, wie parfümirt. Aus diesem Holze wurden wahrscheinlich auch jene bei den Alten so berühmten wohlduftenden Möbeln verfertigt, von denen die Thyaden oder Trinktische besonders beliebt waren. Auch die aus Cyrenaica kommenden Rosenwasser und andere starkriechende Pflanzenproducte waren zur Blüthezeit viel gesucht, und um Essenzen herzustellen, brauchte man auch heute nur die Hand auszustrecken, wohlriechende, starkduftende Blumen sind überall, Geranien, Violen, Artemisien etc. schwängern zur Blüthezeit die Luft mit ihren Düften.

Wild findet man an geniessbaren Pflanzen überall und zwar in ausgezeichneter Güte die Artischocke und Trüffel, letztere wird von Plinius schon unter dem Namen Misy erwähnt. Das von den Alten als ein von den Bäumen hängendes wohlriechendes Obst, spagnus, weiss ich nicht zu erklären.

Was aber vor Allem den Reichthum der Colonie ausmachte, war das Sylphium, eine Pflanze, von der wir auf den alten cyrenaïschen Münzen recht gute Bilder haben. Auch finden wir derselben bei einer Menge der alten Schriftsteller erwähnt, zum Theil beschrieben. Alle Seite 8Reisenden nun von della Cella[3)] an, Beechey, Pacho, Barth etc. etc., haben diese Pflanze in der heute von den Eingebornen genannten Drias (bot: thapsia garganica genannt) wiedererkennen wollen. Zu della Cellas Zeit nannten ihm die Landesbewohner, dieselbe Pflanze, Coinon. Und es lässt sich nicht leugnen, dass die Pflanze mit den Abbildungen Aehnlichkeit zeigt, wenn es auch kein Gleichniss ist; aber nicht nur Aehnlichkeit mit den Münzbildern zeigt dieselbe, sondern, wie wir gleich sehen werden, mit vielen Eigenschaften, welche wir von derselben bei den Alten erwähnt finden.

In neuerer Zeit nun ist Dr. Schroff in Wien[4)] dagegen aufgetreten, dieser, indem er die Eigenschaften der Thapsia garganica nicht mit den von den Alten erwähnten, vereinbar hält; dann Ørsted[5)], welcher hauptsächlich Drias nicht für das alte Sylphium erkennen will, weil ihm die Münzbilder nicht für diese Pflanze zutreffend sind. Professor Ørsted vindicirt Narthex asa foetida, als das alte Silphium, glaubend, dass die Eigenschaften dieser Ambilifore am meisten mit dem Silphium und den Bildern der Münzen übereinstimmen.

Seite 9Nach Theophrast entstand, natürlich konnte solche Wunderpflanze nur durch ein Wunder entstehen, 430 v. R. das Silphium nach einem Pechregen, derselbe beschreibt die Wurzel als dick, fleischig, den Stengel dem des Fenchel ähnlich, die Samenkörner als breit und geflügelt, ähnlich, wie die von Phyllis; dies alles fanden wir bei der heutigen

Drias-Pflanze auch, und auch der Standort, den er für die Pflanze angiebt, stimmt: „Die Umgegend der Hesperiden-Gärten." Nach Plinius war die Rinde der Wurzel schwarz, länger als eine Elle; wo sie aus dem Boden kam, war eine Tuberosität, welche eingeschnitten einen milchigen Saft gab, die Samenkörner sind glatt, und fallen leicht mit den gelb vertrockneten Blättern, sobald die erste Jahreszeit vorüber ist, ab; auf der Pflanze selbst bemerkt man auch Tuberositäten. Plinius verlegt den Standort des Silphium ebenfalls in die Umgegend der hesperidischen Gärten. Nach ihm wurde der Stengel gegessen, nachdem man ihn gekocht hatte, er constatirt ferner die schädliche Wirkung aufs Vieh, die Ziegen und Schafe waren sehr begierig danach, die Ziegen fingen an zu niesen, die Schafe zu schlafen. Zu seiner Zeit war die Pflanze schon fast ganz verschwunden, so dass Nero eine einzige Pflanze als ein grosses Geschenk angeboten wurde. Wir sehen, dass auch die Beschreibung von Plinius vollkommen passt.

Von anderen Autoren verlegen Herodot und Scylax den Standort der Pflanze in die ganze Küstengegend Seite 10 von Pentapolitanien, von der Insel Plataea bis zum Anfange der grossen Syrte, Catull bei Cyrene, Strabo und Ptolemaeus mitten in die Wüste, südlich von Cyrene, Arrian endlich sagt, sie sei über den ganzen fruchtbaren Boden Cyrenaicas bis zum Saume der Wüste verbreitet. Nach diesem Schriftsteller wurden Ziegen und Schafe eingepfercht, um sie vor dem Silphium zu bewahren.

Sobald die Provinz römisch wurde, fing die Pflanze an zu verschwinden, jedoch 100 Jahre nach der Regierung Roms berichtet Plautus noch von reichlichen Ernten, Strabo fand sie ebenfalls noch vor, Plinius fand das Silphium schon spärlich und Synesius berichtet als etwas Ausserordentliches von einer im Garten seines Bruders gezogenen Pflanze. Die Ursache des Verschwindens der Pflanze wird von den Alten verschieden angegeben, nach S o l i n war es, um sich von den hohen Taxen zu befreien, denen das Silphium unterworfen war, S t r a b o führt die Ausrottung auf die eindringenden Barbaren zurück. Höchst wahrscheinlich wirkten beide Ursachen, um die Pflanze so schnell schwinden zu machen, denn die mit Kameelen eindringenden Libyer hatten natürlich ein Interesse daran, diese den Kameelen den Tod bringende Pflanze auszurotten.

Bei den Römern stand das Silphium oder Laserpitium im gleichen Werthe mit Silber; hauptsächlich Seite 11 wurde der aus dem Stempel der Pflanze Thysias gewonnene Saft, oder der aus der Wurzel mittelst Einschnitte hervorquellende succus, Caulias genannt, als Arznei benutzt. Man verarbeitete beide mit Kleie; und dies dann bis zu dicker Consistenz eingekocht, wurde so über die ganze civilisirte Welt verschickt. Beide Posten werden auch unter dem Namen „Thränen der Cyrenaica" ohne Unterschied genannt. Die Römer verwahrten das Silphium in ihrem öffentlichen Schatze. Julius Caesar fand 1500 römische Pfunde vor.

Die heutige Drias-Pflanze, Thap. garg., zeigt sowohl mit den Münzabbildungen, als mit den eben erwähnten die grösste Aehnlichkeit, nur möchte ich die Frage aufwerfen, warum gerade die Thapsia garganica von C y r e n a i c a sich von den anderen unterscheidet. Und doch m u s s ein Unterschied da sein. In Algerien, in Marokko fällt es keinem Eingebornen ein, sein Kameel mit Maulkörben zu versehen, sobald er es in die mit Thapsia garganica bestandenen Gegenden treibt, während in Cyrenaica die Pflanze, sobald sie trocken ist, sehr gefürchtet wird. Auch schreibt man dort der Pflanze keine besonderen medicinischen Eigenschaften zu, während die Bewohner von Barca noch heute die Drias-

Pflanze, wie die Alten das Silphium als ein Universalmittel betrachten. Da muss denn doch wohl ein Unterschied zwischen der Thapsia garganica von Cyrenaica und den übrigen bestehen, der den Botanikern Seite 12bis jetzt entgangen ist. Auch mir gelang es nur, Stengel und Blätter der Drias-Pflanze mitzubringen, die Blüthezeit war noch nicht angegangen, als ich in Cyrenaica war. Heinzmann, der die Thapsia garganica medicinisch untersuchte, fand, dass die Wurzel ein werthvolles Heilmittel sei, äusserlich bei unreinen Geschwüren sowohl der Menschen als Thiere gebraucht. Die Tinctur der Rinde der Wurzel auf gesunde Hauttheile gebracht, erregt meist anhaltendes Jucken, zuletzt Pusteln ohne grosse Entzündung. Auf eine offene Wunde gebracht, wird kein Brennen und Jucken gefühlt. Innerlich 6–8 Gran genommen, wird Schwindel, Ohrensausen, Ideenconfusion, grosses Gefühl von Schwäche mit lange andauernden schweren Schweissen beobachtet. Wiederholte, von ihm in Europa angestellte Versuche, stellten die Thapsia garganica als ein drastisches Reinigungsmittel hin. Theophrastus, Dioscoridas und Plinius sprechen von ganz gleichen und ähnlichen Wirkungen. Was uns anbetrifft, so bleiben wir also dabei und sagen, dass die in Cyrenaica wachsende Thapsia garganica oder Drias das alte Silphium ist.

Diese, wie wir so eben gesehen haben, so sehr pflanzenreiche Insel ist äusserst thieram. Fast wäre man versucht anzunehmen, dass das nekropolenartige des ganzen Landes, denn wie Cyrenaica sich heute dem Besucher zeigt, kann man es als Eine grosse Todtenstadt bezeichnen, auch Einfluss auf die Leben suchenden Seite 13Thiere gehabt habe. In den Küstenstrichen finden sich zwar ziemlich viel wilde Thiere, als Hasen, Kaninchen, Gazellen und die Vierfüssler, welche im Allgemeinen am Nordrande von Afrika gefunden werden, aber in geringerem

Maasse als in Tunis, Algerien und dem so wildreichen Marokko. Ausser der Hyäne und dem Schakal sind reissende Thiere gar nicht vorhanden. Wildschweine finden sich in den Schluchten der Hochebene, aber auch in geringer Zahl. Ueberall stösst man aber auf den Maulwurf, dessen Spuren man sogar weit nach Süden in der Ebene verfolgen kann. Die Vogelwelt ist ebenfalls sparsam und durch keine besonderen Arten vertreten. Schlangen und Scorpionen, Eidechsen und anderes Gewürm sind dieselben, wie die auf dem Nordabhange des Atlas, in den südlichen Ebenen ist die Hornviper häufig. An den steilen Felsparthien des Hochlandes haben zahlreiche Bienenschwärme in den Höhlungen ihre Nester angelegt, und wie im Alterthum bildet denn auch noch heute der Honig ein Hauptproduct des Landes. Ein von Süden kommendes Thier, die Heuschrecke, bildet auch in der Jetztzeit noch oft die grosse Landplage der Bewohner. Die meist so berühmten Pferde der Cyrenaica sind sehr heruntergekommen, was Form und Schönheit anbetrifft, Dauerhaftigkeit, Gelehrigkeit und Kraft ist ihnen aber auch jetzt noch eigen. Hauptreichthum der Bewohner machen die Rinder, Seite 14Schafe[6]) und Ziegenheerden aus, von denen nach Malta hin exportirt werden, Esel und Maulthiere hat man nur zum eigenen Bedarf und sie sind nicht besser, als die in den berberischen Staaten. Die südlichen Ebenen haben vorzügliche Kameelzüchtereien, von denen auch nach Egypten hin exportirt werden.

Die Bewohner des Landes sind nomadisirende Araber. Jedenfalls sind Spuren der griechischen, ptolemäischen und römischen Herrschaft nirgends zu erkennen, wie denn auch nach Vernichtung dieser Herrschaften ihre eigentlichen Unterthanen, Griechen und Römer mit vernichtet wurden oder auswanderten. Die dann eindringenden libyschen Völker sind von den Arabern absorbirt worden, wenigstens ist heute nichts mehr vom Libyerthum zu bemerken, die alles nivellisirende mohammedanische Religion hat zwischen Berbern und Arabern, die ohnedies äusserlich sich so nahe stehen, jeden Unterschied aufgehoben. Der heutige Bewohner Cyrenaicas, der nur arabisch spricht (Mischmasch von maghrebinisch und ägyptisch), ist mittlerer Grösse, mager, hat ein längliches Gesicht, in der Jugend mit vollen Backen, fallen sie im Alter sehr ein und die Backenknochen treten stark hervor, stechende schwarze Augen von buschigen Brauen überwölbt, eine starkgebogene, lange Nase, verhältnissmässig grosser Mund und spitzes Kinn sind die allgemeinsten Gesichtszüge. Der Bart Seite 15ist spärlich, Haupthaar lang und schwarz. Die Frauen, welche wie überall da, wo sie eine untergeordnete Stellung zum Manne einnehmen, auch körperlich unverhältnissmässig klein sind, haben in der Jugend volle und hübsche Formen, und eben das Volle rundet denn auch die scharfen Gesichtszüge ab, die im Alter aber ebenso markirt wie beim Manne hervortreten, ohne dass die tausend Falten der Haut im Stande sind, die scharf vorspringenden Knochenparthien zu verdecken. Die Nase ist bei den Frauen mehr gerade als gebogen.

Männer und Frauen lieben es, sich mit Antimon zu zeichnen; machen allerlei bunte Figuren aufs Gesicht, Brust, Arme und Hände. Die Frauen färben auch die Unterlippe schwarz, umrändern die Augen mit Kohöl und färben die Nägel roth. Ihre Kleidung ist die der übrigen nomadisirenden Völker Nordafrikas und keine Frau, mit Ausnahme der Städterinnen, geht verschleiert. In der übrigen Lebensweise ist auch kein Unterschied, Basina, diese Gerstenpolenta, mit stark gepfefferter Sauce bildet ebenfalls das Nationalgericht. Auch hier haben die Nomaden gar keinen Fortschritt gemacht, wie zur Zeit der Rebecca geht noch heute das Weib mit dem Kruge zum

Brunnen, um Wasser zu schöpfen, wie zur Zeit Abrahams pflügt der Mann noch mit demselben Pfluge, ohne dass er sich Mühe gegeben hätte, einen besseren kennen zu lernen. Auf dem Boden hockend essen heute noch alle mit den Fingern aus Einer Schüssel, wie Seite 16Jesus Christus mit seinen Jüngern. Etwas haben die Snussi indess für gute Sitte durch strengere Beobachtungen der mohammedanischen Vorschriften gesorgt. Früher z.B. war es bei einigen Stämmen Sitte, dass ein verheiratheter Mann einem Fremden seine Frau anbot, heute würde man vergeblich in ganz Cyrenaica eine Tribus suchen, wo eine solche Unsitte herrschte. Aber Lesen und Schreiben ist nirgends bekannt, wie denn überhaupt auf dem Lande nirgends eine Medressa oder Schule besteht, und auch die Sauya, welche die Snussi angelegt haben, keine Schulen unterhalten.

Nach ziemlich sicheren Abschätzungen, vom französischen Consulate in Bengasi mitgetheilt, stellen die Gesammtstämme von der grossen Syrte an gerechnet (Mündung des Fareg) bis zur ägyptischen Grenze 72,000 bewaffnete Fussgänger und 3500 Cavaliere, danach könnte man die Gesammtbevölkerung von Cyrenaica auf circa 302,000 Einwohner anschlagen. Hiervon bilden die Auergehr den bedeutendsten Stamm, ihre verschiedenen Sippen stellen mehr als 10,000 Fussgänger und fast 1000 Reiter, die Brassa zählen mit 3500 Fussgänger und 500 Cavalieren, die Abidat mit 5890 Fussgänger und 350 Reiter, die ailet[7] Ali 4600 Fussgänger und 225 Reiter, die Sauya 2100 Fussgänger, 75 Reiter etc.

Seite 17Nach den neuesten Nachrichten[8] ist von der türkischen Regierung die Landschaft Barca als von Tripolis unabhängig in eine Mutasarefia von Bengasi umgewandelt worden, und hat folgende Kaimmakamliks als Unterprovinzen: 1) Djalo und Audjila, 2) Mytarba oder

Adjedabia, 3) Kaimmakamlik der Auergehr, 4) Merdj, 5) Gaigab, 6) Derna und 7) Bengasi selbst. Höchst wahrscheinlich ist dies aber ein Irrthum, und sind die aufgeführten Städte- und Ortsnamen nicht Kaimmakamliks, sondern Mudirats, da diese sonst keineswegs, was Grösse und Bevölkerung anbetrifft, einem anderen türkischen Kaimmakamlik entsprechen. Wenn deshalb Cyrenaica jetzt direct von Constantinopel regiert wird, nicht wie bis Herbst 1869 von Tripolis, so dürfte doch, wenn auch die Unterabtheilung die richtige ist, die Bezeichnung als Kaimmakamlik für dieselbe zu bezweifeln sein.

Ueber Bengasi, welches wir beschrieben haben, über das Gebiet der Auergehr, deren Schich keinen festen Sitz hat, sondern der häufig bei Tokra, häufig auf den Hochebenen sein Zelt aufschlägt, über Audjila, Gaigab und Adjedabia[9], welche ebenfalls beschrieben wurden, haben wir hier weiter nichts hinzuzufügen.

Was Merdj anbetrifft, in südwestlicher Richtung circa 6 Stunden von Tolmetta (Ptolemais) auf dem Hochplateau Seite 18gelegen, so ist darüber gar kein Zweifel heute, dass dieser Ort das alte Barca ist. Gegründet wurde diese Stadt von den Libyern; als die Griechen nach Cyrene kamen, fanden sie Barce schon fertig. Die Barcaei standen bei den Griechen besonders im Rufe von ausgezeichneten Pferdebändigern und Wagenlenkern. Als in Cyrene selbst Zwistigkeiten unter den Griechen ausbrachen, zog ein Theil nach Barce, und von dieser Zeit an tritt diese Stadt als selbstständig und unabhängig in die Reihe der Städte der Pentopolitania. Das alte Ptolemais selbst wird ursprünglich nur als „Hafen" von Barce genannt, bis unter der Herrschaft der Ptolemäer dieser Hafenort die eigentliche Bevölkerung von Barce aufnimmt, und diese Stadt aus der Geschichte verschwindet. Der Name Barca, den die Araber heute auf das ganze Land ausdehnen, kommt aber zweifelsohne von Barce, dem heutigen Merdj her, obgleich die Eingeborenen behaupten, diesen Ausdruck deshalb dem Lande zu geben, weil das ganze Gebiet ein „Barca" d.h. „Segen" sei.

Derna endlich, am nordöstlichsten in Barca gelegen, ist das alte Darnis. Ausser Bengasi ist dies die einzige Stadt. Ungefähr mit 1500 Einwohnern wird von hier ein ziemlich lebhafter Handel mit Malta und Creta getrieben, die Engländer unterhalten hier sogar ein Viceconsulat. Im französischen Kriege gegen Aegypten versuchte General Gantheaume hier eine Landung, jedoch _{Seite 19}ohne Erfolg. Auch Nordamerika war später eine Zeitlang in Besitz von Derna, gab aber den Ort seines schlechten Hafens wegen, oder vielmehr weil ein solcher gar nicht vorhanden ist, wieder auf. Derna ist von den ausgezeichnetsten Gärten umgeben: alle Producte und Früchte, die am Mittelmeere überhaupt vorkommen, liefert die Umgegend in Hülle und Fülle.

Von Cyrene über Bengasi nach Audjila.

Es war ein entsetzliches Wetter, als wir in der Todtenstadt unser Grab, die Knissieh, verliessen und dann durch die Battus-Strasse die Stadt hinaufzogen und dieser Lebewohl sagten. Wind und kalter Regen stritten darum wer siegen sollte, da aber der Kampf aufs höchste erbittert, immer unentschieden blieb, so hatten wir am meisten davon zu leiden. Sobald wir aus der Umfassungsmauer heraus waren, verfolgten wir einen alten Weg, der in südwestlicher Richtung lief, auch hie und da tief eingeschnittene Spuren der alten Fahrzeuge zeigte, und wie alle auf die Hauptstadt zugehenden Wege rechts und links mit Gräben eingefasst war. Die Gegend war einförmig und einsam, obschon keineswegs der Vegetation entbehrend, und überall zeigte sich fetter rother Seite 20 Thonboden. Ueber 2000' hoch war die Kälte sehr empfindlich, und das monotone Plateau wurde nur ein Mal, eine Stunde von Cyrene entfernt, von einem Uadi dem Isnait-Thale, welches von S.-O. nach N.-W. streicht, unterbrochen. Nach drei Stunden erreichten wir Safsaf, wo eine der grossartigsten Cysternen die Aufmerksamkeit des Reisenden in Anspruch nimmt. Höchst wahrscheinlich sammelten diese Cysternen, welche das Wasser einer ganzen Niederung aufnehmen, den Regen für Cyrene selbst, da die um die Cysterne liegenden Ruinen nur unbedeutend sind, also so grossartiger Reservoirs nicht bedurften. Wahrscheinlich existirte in alten Zeiten eine Wasserleitung, um das Wasser nach der Stadt zu führen.

Die überdeckten Bogen der Cysterne gewährten nur auf einige Augenblicke Schutz gegen den Regen, zudem drohten die höchsten Punkte in dem Wasserbehälter auch überschwemmt zu werden. Wir beschlossen daher so rasch wie möglich nach dem circa eine Stunde südwestlich davon gelegenen Gasr Gaigab zu gehen, wo wir auf Schutz gegen das immer mehr rasende Wetter hoffen durften. Dem Aduli war dies doppelt lieb, da er dort ganz in der Nähe seine Zelte hatte, er also auf diese Art nach Hause kam.

Ehe wir das Castell Gaigab, worin eine türkische Compagnie lag, erreichten, schickte ich einen Diener voraus, um mich anzumelden und um ein Zimmer bitten zu lassen. Und alsbald kam trotz des Regens der Commandant Seite 21 des Forts uns entgegen, und zwar barfüssig, da er sagte, er habe keine Schuhe oder Stiefeln und seine Pantoffeln seien dem Schmutze nicht gewachsen. Wie sich später herausstellte, hatte er sein Schuhzeug versetzt, um Schnaps kaufen zu können. Aber warum hatte der türkische Kriegsminister ihn und die übrigen Truppen auch monatelang ohne Gage gelassen. Unter vielen Complimenten führte der Hauptmann-Commandant, ein kleiner dicker Mann, uns ins Fort, die Thorwache trat ins Gewehr und „Has dur, ssalam dur"[10] rief der Wachcommandant, und freute sich wie ein kleines Kind, mal Gelegenheit zu haben, seine Künste produciren zu können. Von den Soldaten waren auch einige ohne Schuhe, einige sogar um ihre Beine, sans culottes, nicht zu zeigen, hatten den langen Mantel an.

Alsbald wurden wir dann in ein grosses Zimmer gebracht und ein tüchtiges Kohlenfeuer rief bald unsere halb erstarrten Glieder ins Leben, auch eine Tasse guten Kaffees war schon bereit, kurz der Hauptmann war ausser sich vor Freude, in seiner Einsamkeit so unerwartet Gäste bekommen zu haben.

Das Gasr Gaigab selbst, in gerader Linie nur drei Stunden S.-S.-O. von Cyrene gelegen, ist ein regelmässiges Viereck mit vier Eckthürmen, welche das Fort flankiren. Jede Seite der äusseren Mauer ist circa 1000' Seite 22 lang und dieselben sind 25' hoch. Im Innern sind an den 3–4' dicken Mauern zugleich die Baulichkeiten, Casernement, Officierzimmer, Küche, Arsenal und Magazine; das Fort hat für eine Besatzung von 200 Mann immer Proviant auf 1 Jahr, auch ist hinlänglich Pulver und Kugeln vorhanden. Gegen die bloss mit schlechten Steinschloss bewaffneten Beduinen bietet es also hinlänglich Schutz. Auf den vier Eckthürmen stehen zudem je eine mächtige Kanone, wahrscheinlich von einem an der Küste früher ein Mal gestrandeten Schiffe genommen, denn das englische Wappen ist darauf, die Jahreszahl ist aber schon abgerostet und ob dieselben überhaupt noch sehr tüchtig sind, möchte ich sehr bezweifeln.

Wir waren bald heimisch eingerichtet und Abends hatte ich die Ehre mit dem Hauptmann zu speisen, gegen die Sitte der vornehmen Türken waren keine Messer und Gabel vorhanden, jedoch Teller; um nicht unangenehm zu berühren, legte auch ich mein Besteck, das mein Diener mir hingelegt hatte, wieder weg, um nach Adams Manier zu essen. Als er mir aber, um den Mund abzuwischen, sein eigenes schmutziges Taschentuch reichen wollte, dankte ich höflichst und liess mir rasch meine Serviette reichen. Die übrigen Officiere thaten Leporello-Dienste, durften aber nicht mit uns bei Tische essen. Auch erlaubte nie der Capitän, dass einer der Officiere die Gläser füllte (selbverständlich schlechter Araki) und als ich ihm im Scherze mal zurief, den Officieren Seite 23 doch auch ein Glas zu geben, machte er ein Gesicht, als ob er eine Ohrfeige bekommen hätte, und ängstlich die Flasche, als um sie zu schützen, in die Hand nehmend, erwiederte er, sie tränken nie. Die armen Effendi, wie gern hätten sie auch wohl ein Glas genommen, aber wenn es dem Commandant möglich war, trotz der Soldlosigkeit, sich Geld oder Credit für Araki zu erschwingen, so vermochten das die übrigen Officiere doch nicht, indess rächten sie sich nachher, denn der Hauptmann zechte so lange, bis er aus meinem Zimmer herausgetragen werden musste, und nun liessen die beiden anderen Effendi schnell den Rest der Flasche in ihre durstigen Kehlen verschwinden und stellten dann die leere Flasche an die Lagerseite des sorglos, aber laut schlafenden Commandanten.

Wie gross war aber der Schrecken des Hauptmanns, als er am andern Morgen erfuhr, ich besitze gar keinen Schnaps, er hatte nämlich bloss so stark seinem Araki zugesprochen, dann auch mir einige Gläschen grossmüthigst abgegeben, weil er hoffte, dass ich am andern Tage alles doppelt und dreifach ersetzen würde, und nun hatte er es mit einem Frangi zu thun, der nicht mal Araki mit sich führte. Doch ich tröstete ihn, indem ich versprach ihm von Bengasi aus Alcohol schicken zu wollen, den ich dort als zum Photographiren nöthig gekauft, später aber übrig behalten und dann zurückgelassen hatte. Und sein guter Humor wurde bald ganz wieder Seite 24 hergestellt, als ich ihm sagte, den Tag noch bleiben zu wollen, weil Königs Geburtstag sei, und dass ich bei dieser Gelegenheit den Soldaten eine kleine Festlichkeit bereiten wolle. Zugleich bat ich, unsre norddeutsche Flagge aufs Castell hissen zu dürfen und der Hauptmann stimmte mit Freuden ein, ja, er beorderte sogleich für Mittag Parade über die ganze Truppe und Inspection der Baulichkeiten, und die Soldaten hatten wohl ihr Lebtag nie so geputzt, um die Waffen glänzend zu machen und um die neuen Uniformen, welche aus dem Magazine (wahrscheinlich hatten sie dieselben noch nie angehabt) ausgegeben wurden, in den Stand zu setzen. Zudem waren Abtheilungen beschäftigt, die Zimmer, Küche und alle Räumlichkeiten zu reinigen, kurz bald nahm alles einen festlichen Anstrich an.

Mittags wurde denn auch die Truppe, welche im Hofe des Castells aufgestellt worden war, feierlich inspicirt, der Hauptmann diesmal in Pantoffeln, aber mit Säbel und Dienstzeichen versehen. Die Soldaten sahen besser aus wie ich geglaubt hatte, alle ihre Uniformen waren neu und die Gewehre französische Minié-Büchsen. Nachdem sodann noch die Schlafzimmer waren besehen worden, die auch recht reinlich ausgefegt waren, aber weiter nichts enthielten als was jedes türkische Soldatenzimmer bietet: für jeden Mann eine Matte und einen kleinen Teppich statt eines Bettes; als endlich Küche, Vorrathskammern Seite 25 u.s.w. waren besichtigt worden, hatte die Mannschaft ihr Mittagsmahl einzunehmen.

Ich hatte am Morgen mehrere Ziegen kaufen und durch die Soldaten schlachten lassen, mit Reis hatten sie sich daraus ungeheure Pillau-Schüsseln gemacht, und nachdem sie mit grosser Hast, wie lange hatten sie wohl kein Fleisch gehabt, die Schüsseln geleert hatten, wurde ihnen noch ein Kaffee en gros gegeben.

Aber die Hauptfestlichkeit ging jetzt erst an: ich hatte ein Paar Dutzend rother Fes, Taschentücher, dann kleine Geldsummen in Papier als Preise ausgestellt, und hienach mussten die Soldaten Wettrennen, Sacklaufen und Blindekuh spielen. Der Hauptmann-Commandant theilte die Preise aus, nachdem er jedoch für seine Mühe, und weil er selbst als Höchstcommandirender nicht mitlaufen konnte, von jedem Preise vorweg einen für sich genommen hatte. Im Anfange wollte es nicht recht, wo hatte je ein türkischer Soldat Sacklaufen gelernt, oder sonstige dergleichen Spiele mitgemacht, als aber nur mal erst einer sich einen neuen rothen Fes erobert hatte, wurden alle so eifrig und anstellig, dass bald jeder sein Theil weg hatte. Aber gewiss war es spasshaft anzusehen, wie die oft fünfzig Jahre alten Soldaten (in der Türkei dient in der Regel, wer ein Mal Militair ist, so lange wie er die Flinte tragen kann) sich kindlich freuten, und ebenso so grosse Freude hatten, wenn sie einen Preis bekamen, wie bei uns die muntere Schuljugend. Gewiss werden sie nie Seite 26den Tag, den Milud des Sultans von Prussia vergessen, ihr eigener Sultan Abdul Asis kümmert sich nicht an seinem Geburtstage um seine Truppen. Bis spät in die Nacht hinein tanzten und sangen die Soldaten, und der Hauptmann war so gerührt worden, dass er seine beiden Officiere, welche auch jeder einen Baschlik (circa 8 Groschen) gewonnen hatten, gegen Baarbezahlung auf ein Glas Araki einlud, kurz Alle waren befriedigt, und froh und müde legten Türken und Deutsche, welche am Tage Königs Geburtstag zusammen gefeiert hatten, da wo vielleicht einst die Siegeswagen der Battiden getummelt waren, sich sorglos zum Schlaf nieder.

Nachdem ich dann noch am andern Morgen die verschiedenen Quellen von Gaigab, von denen eine unmittelbar unter der Mauer des Forts selbst entspringt, besichtigt und gefunden hatte, dass alle Spuren antiker Bearbeitung zeigen, sagten wir unseren türkischen Freunden Lebewohl. Der Aduli blieb zurück, statt seiner kam jedoch sein ältester Sohn, um als Führer zu dienen.

Um 7½ Uhr aufbrechend, hatten wir im Allgemeinen S.-W.-R., erreichten um 8 Uhr 20 Minuten die Quelle Lali und gleich darauf den Marabut Sidi Sbah, wo ebenfalls eine Quelle ist. Um 9½ Uhr waren wir bei der Quelle Djebarah, und liessen um 10 Uhr die Sauya-Faidia etwas nördlich von uns liegen. Wir befanden uns immer auf einem grossgewellten, jedoch niedrigen Hügellande, und gerade auf der Wasserscheide des Mittelmeeres Seite 27und der Sahara. So passirten wir um 12 Uhr 20 Minuten das uadi Feria, das ins Mittelmeer und gleich darauf das uadi Tebiabo, das in die Sahara abfliesst. Zwischen beiden erreichten wir die grösste Höhe 909 M., obschon andere Berge und Hügel seitwärts vom Wege noch 100–150 M. höher sind[11]. Die Gegend ist nicht bewaldet, aber trotzdem nicht ganz von Bäumen entblösst, und der fette rothe Boden Veranlassung zur üppigsten Vegetation der Blumen, namentlich gedeiht hier die Drias-Pflanze häufig und kräftig. Aber Bewohner sieht man nirgends, nur da, wo Fels zu Tage liegt, wie überall weicher Kalkstein, mahnen die tiefeingeschnittenen Räderspuren der Wagen der Alten, wie stark auch dieser höchste Kamm von Cyrenaica einst frequentirt war. Die Gegend selbst wird als Weidegrund der Brassa, eines der bedeutendsten Nomadenvölker vom heutigen Barca, genannt. Um 4 Uhr 15 Minuten schlugen wir Lager bei einer Oertlichkeit, Namens Slantia, wo zahlreiche Höhlen, theils natürliche, theils künstliche, einen Sitz der alten libyschen Ureinwohner zeigen.

Seite 28 Am folgenden Tag hielten wir zuerst südlich, dann südwestlich und zuletzt ganz westlich[12]. Die Gegend ist sehr waldig, namentlich stark mit Wachholder bestanden, die Abdachung geht nur der Wüste zu, und überall sieht man die Ruinen alter römischer Burgen. Dies Land ist gleichfalls den Brassa eigen, obschon es ganz wie ausgestorben ist. Bei dem Castell Sira el gedim stiessen wir wieder auf zahlreiche Höhlen libyscher Seite 29 Troglodyten, und Nachmittags um 2 Uhr erreichten wir den scharf prononcirten Abfall des Hochplateaus, und gelangten mittelst des uadi Farat in die grosse Ebene el Chiē. Die Drias hört nun auf, wie überhaupt hier eine ganz andere Vegetation auftritt, namentlich ist es die Schih (artemisia), die uns hier zum ersten Male entgegentritt, und an die nahe Wüste erinnert. Wir campirten Nachmittags in einem Kessel, Namens Maraua, wo auch Felshöhlen der alten Libyer zahlreich vorhanden sind. Sehr eigenthümlich sind manchmal Reste von Mauern, welche ein Thal quer durchschneiden, dann wieder grosse viereckige Mauerreste, welche aber keine Wohnungen gewesen zu sein scheinen, vielmehr wohl dazu dienten, um Nachts das Vieh aufzunehmen als Schutz gegen die wilden Thiere. Wasser findet sich auf der ganzen Strecke von Sirah nach Maraua nicht.

Bei Maraua hat die el Chiē-Ebene eine Tiefe von 508 M., sie ist einförmig, aber äusserst fruchtbar und die zahlreichen Ruinen der alten Castells deuten auf ehemalige starke Bevölkerung. In der Mitte, wo die Chiē-Ebene von einem nach Süden strömenden uadi Gedede unterbrochen wird, hat sie 450 Meter, nach Westen kommt man dann auf den Höhenzug, der Schad ben Medja genannt wird und gut mit Wachholder bestanden ist. Von hier an gehört das Land den uled Abid, und das nun vor einem aufsteigende Gebirge führt auch den Namen djebel Abid. Es ist mit Wachholder ^{Seite 30}und Thuya so reichlich bewachsen, wie die schönsten Districte der Cyrenaica und wetteifert an Fruchtbarkeit mit der duftenden el Chiē-Ebene. Aber auch hier sieht man keine Einwohner, nur selten mal eine Heerde, und selbst Wild scheint zu fehlen. Erst bei den Brunnenlöchern von Djerdes, die wieder 640 Meter hoch liegen, stösst man auf Abid-Triben und gut angebaute Felder. Auch finden sich hier Höhlen alter libyscher Stämme.

Obschon die Abid zu den berüchtigsten Räubern der Cyrenaica gehören, so kamen wir doch gut mit ihnen aus, zudem waren wir sehr auf unserer Hut. Als wir bei Djerdes lagerten, sank morgens das Thermometer vor Sonnenaufgang auf -2°.

Die Gegend blieb am folgenden Tage[13] im Anfange im Gebirge gleich gut bewaldet und später in der Ebelerhar-

Ebene, fanden wir diese bedeutend krautreicher Seite 31 als die Chiē-Ebene. Abends lagerten wir bei den Wasserlöchern von Biar (Pl. von Bir-Brunnen) und fanden dort herum zahlreiche Freg der Auergehr, überhaupt war den ganzen Tag hindurch die Gegend nicht nur reicher an Vegetation, sondern auch besser bevölkert. Die Auergehr bekümmerten sich so wenig um uns, wie wir um sie, in der Nähe eines kleinen Marabuts schlugen wir Zelte. Die Brunnenlöcher von Biar liegen 320 Meter hoch.

Nachts wurde einem meiner Neger sein Geld, welches derselbe in sein Schnupftuch gebunden hatte, gestohlen. Da es nur einer der anderen Diener genommen haben konnte, so liess ich alle auskleiden, ohne dass wir etwas entdecken konnten, auch schwuren alle die grässlichsten Eide, in Gegenwart des Grabes des Marabut und beim Haupte Mohammeds und Sidi Snussi's. Und vor allen Dingen zeichnete sich ein ehemaliger österreichischer Kavass von Tripolis, Herr Hammed Bimbaschi, aus, laut rufend, sein Vater und er solle ewig brennen, wenn er das Geld habe. Aber schon zwei Tage später fand sich das Geld bei ihm vor, er hatte sich in Bengasi durch Einkäufe verrathen, und musste dann in Folge davon Bekanntschaft mit dem türkischen Gefängniss machen. Als ich später Bengasi verliess, bekam er seine Freiheit wieder, Meineid und Diebstahl, namentlich gegen einen eben erst freigewordenen Sklaven begangen, werden in diesen Ländern nicht sonderlich beachtet.

Seite 32 Den letzten Tag blieben wir von Biar noch 3 Stunden in S.-W.-R. in dieser krautreichen Ebene, und kamen dann an das eine Stunde breite Gebirge, welches nur 100 Meter hoch den Rand der Ebene, der ersten Terrasse bildet. Mittelst des Fuhm el Fedj, eines Engpasses, stiegen wir dann in die Meeresebene hinab, vorbei bei dem vulcanartig aussehenden

Berg Basina (Name einer Mehlspeise, die puddingförmig aufgetischt wird) und erreichten von hier an nach 4 Stunden in reiner westlicher Richtung Bengasi. Die Ebene hier ist nicht sehr fruchtbar, der Fels liegt fast überall zu Tage. Dass aber die röthliche Erde einst dicker gelegen hat, beweisen die überaus zahlreichen Ruinen von Dörfern, Häusern und Gehöften, und trotz der heutigen Unfruchtbarkeit dieser Ebene ist es höchst wahrscheinlich, dass diese Fläche einst die berühmten Gärten der Hesperiden bildete.

Wir hatten in Bengasi einen fünftägigen Aufenthalt, welcher indess auch sehr nöthig war, um uns neu zu organisiren und auszurüsten. Bis auf meinen deutschen Diener Wetzel aus Bamberg und dem freigelassenen Neger Bu-Bekr trat eine vollkommene Veränderung im Personal ein. Den Photograph aus Berlin sah ich mich genöthigt nun wirklich fortzuschicken, ich hatte ihn in Tripolis schon einmal entlassen, mich aber dennoch bewegen lassen ihn wieder zu nehmen, aber in den letzten Tagen in Cyrene benahm er sich so unumgänglich, Seite 33 dass ich diese Gelegenheit seiner los zu werden, nicht versäumte. Der österreichische Cavas Hammed wurde eingesperrt, noch andere verliessen den Dienst. Dafür machte ich dann aber die werthvolle Acquisition des alten ehemaligen Dieners Mohammed Staui, der sich dicht bei Bengasi als Landmiether niedergelassen hatte. Den alten geizigen Staui hätte ich nur in Cyrenaica selbst haben sollen, sein Geiz wäre mir dort gut zu Statten gekommen gegen die unverschämten Prellereien des Aduli, gegen die Diebereien des Cavassen und der anderen Diener, welche es so weit trieben, dass sie unter der Hand eines Tages einen ganzen Schlauch Butter verkauft hatten. Dann bekam ich noch einen anderen weggelaufenen Neger, ich glaube Ali rief man ihn, einen wahren Goldjungen. Aus Sella her seinem Herrn entsprungen, hatte er mit diesem Räuberhandwerk getrieben, und die weitesten Streifzüge, südlich bis Tragen und Wau, östlich bis zum Ammonium nach dem Norden zu bis zur Küste an der Syrte gemacht. In dieser ganzen weiten Strecke kannte er Schritt und Tritt. Bei einer Beutevertheilung hatte er sich mit seinem alten Herrn entzweit, war nach Bengasi aufs englische Consulat geflüchtet, wo ich ihn vorfand und in meine Dienste nahm. Er war jetzt von glühender Begier für Freiheit erfasst, wollte Skendria und Masser[14)] kennen lernen, und wie konnte er es besser durchführen, als wenn er mich begleitete. Wir Seite 34 wurden denn auch bald handelseinig, und er war jedenfalls der nützlichste aller Diener, in Packen und Behandlung der Kameele war er unübertrefflich, sogar besser als der Gatroner, da er ein junger Bursche von 25 Jahren war. Dabei hatte er das heiterste Gemüth von der Welt, fortwährend singend, unterliess er diese Beschäftigung nur um zu plaudern und zu necken, oder allenfalls um mit dem in Amerika zum halben Zweifler gewordenen Staui einen religiösen Discurs anzufangen, der gemeiniglich mit Staui's Niederlage endete, worauf dieser sich dann verächtlich zu uns wandte: „nigger great donkey." Ali hatte aber eine verhältnissmässig gute religiöse Erziehung gehabt, er war sogar eine Zeitlang in der berühmten Sauya Sarabub, dem Hauptorte der Snussi, gewesen.

Wir waren natürlich wieder in Bengasi auf dem englischen Consulate, und mit den Einkäufen verging rasch die Zeit. Namentlich musste eine grosse Zahl von Schläuchen gekauft werden, wir brauchten derer nicht weniger als 12, endlich andere Provision, Mehl, Zwieback, Oel, Butter, Datteln, Zucker, Kaffee und Thee, auch in Fett eingekochtes Fleisch, Stockfische u. dgl. wurde eingekauft.

Am 3. April Morgens 10 Uhr verliessen wir dann die Stadt

in Begleitung des englischen und französischen Consuls. Das Wetter war trübe, so dass wir die Berge nicht sehen konnten, unsere Richtung war 160°. _{Seite 35}Bald stiess dann noch ein Reiter zu Kameel zu uns, ein Diener des Mudirs von Audjila, der die Gelegenheit benutzen wollte, in Karawane zurückzukehren. Er erwies sich später äusserst nützlich, da er des Weges sehr kundig war, was ich von dem eigens gemietheten halbblinden Führer Hammed Uadjili nicht sagen konnte.

Schon nach 2½ Stunden durch fruchtbares Land dahin reitend, machten wir beim Brunnen Choëbea Halt, verzehrten gemeinschaftlich ein Frühstück, tranken eine letzte Flasche Wein, eine letzte Flasche Ale, und unsere freundlichen Begleiter kehrten nach Bengasi zurück, während wir südwärts den Weg weiter zogen. Derselbe bleibt einförmig, obschon der Boden fruchtbar ist, zum Theil cultivirt wird, zum Theil krautreiche, zu dieser Jahreszeit von Blumen bunte Wiesengründe hat, Freg sind nur spärlich vorhanden. Wir setzten nur noch 2 Stunden den Weg so fort und lagerten inmitten eines weiten Ruinenfeldes unter dem Schutze eines kleinen Castells. Es scheinen hier mehr ländliche, weit zerstreut liegende Wohnungen gewesen zu sein, als bestimmte Orte, wenigstens finden wir in so unmittelbarer Nähe von Berenice keinen erwähnt. Das Castell, recht gut erhalten, aber klein, diente zum Schutze der Landbewohner und speciell hier noch wohl zum Schutze der Küste.

Am folgenden Tage brachen wir früh auf und hielten 150° R. Auch an dem Tage war die Gegend überaus _{Seite 36}ruinenreich, und auch hier traten alle Augenblicke grosse Einhegungen von Steinen entgegen, von denen manchmal aber nur noch die unterste Steinreihe erhalten ist. Der Boden bleibt ein gleich fruchtbarer röthlicher Humus, ist überall bis zu den Bergen gleich culturfähig, sehr krautreich aber wenig mit Buschwerk bestanden. Die Berge sind sichtbar, aber je weiter man nach Süden kommt, je mehr zieht sich das Ufer des Hochplateaus nach Südosten zurück. Die Gegend ist hier besser bevölkert, denn irgendwo in Cyrenaica, meist sind es Freg der Mschitat und Auergehr, welche rechts und links vom Wege aufgeschlagen sind. Eigenthümlich wie die Alten genau die Oertlichkeit erkannt haben müssen, wo sie Wasser zu finden glaubten. Denn ein blosser Zufall liess sie wohl nicht jene Kalkplatten durchbohren um dann nach 25–30' und oft noch tiefer auf Wasser, zu stossen. Und dass sie von den Alten angelegt worden sind, geht aus der ganzen Construction derselben hervor, warum aber gruben sie nicht an anderen Stellen nach Wasser? wahrscheinlich weil sie aus Erfahrung wussten, dass unter Kalkfelsen am ersten Wasser zu finden sei. Wir lagerten Abends in der Nähe von zahlreichen Freg, ohne indess mit den Insassen in Berührung zu treten[15]. Auch am folgenden Tage[16] hat Seite 37 die Gegend noch denselben fruchtbaren aber wenig bebauten Charakter, die Freg werden südlich von den ailet Feres bewohnt und gegen Abend, wo wir der Syrte so nahe sind, dass wir die Brandung derselben hörten, lagerten wir zwischen Schih- und Halfa-Vegetation, waren also bis zum Uebergange der Wüste gekommen.

Je weiter man nach Süden kommt[17], je spärlicher wird die Vegetation und Bevölkerung, fast nur Halfa und Schih zeigen sich noch, alle Brunnen haben noch denselben Bautypus, d.h. sind nicht in das Erdreich getrieben, sondern da, wo Kalkfelsen zu Tage liegt, hindurch gebohrt. Beim bir Schimmach nun rechnen die Araber die Grenze von Barca el hamra, dem rothen Cyrenaica und was von hier an südlich liegt, heissen Seite 38 sie Barca el beida, das weisse Cyrenaica. Hauptsächliches Unterscheidungszeichen bildet der Boden selbst, denn nördlich vom Brunnen ist röthlicher Humus, südlich davon weisslicher Sandboden.

Auch jetzt hatten wir immer mit schlechtem Wetter[18] zu kämpfen, heisse Stunden wechselten mit kalten und stürmischen und namentlich waren die Nächte rauh. In Schadábia verweilten wir einen Tag. Es ist hier die grösste Ruine zwischen Bengasi und Audjila, und das Fort noch recht gut erhalten. Wie alle von viereckiger Form, und mit flankirenden Thürmen versehen, besteht der Bau aus grossen Quadern, durch Fels getriebene Brunnen mit ausgezeichnetem Wasser (es ist dies das letzte süsse bis zur Ammonsoase) sind ganz in der Nähe. Ich glaube man kann in Schadábia das alte Automalax[19] erblicken, wenigstens stimmen Oertlichkeit und Entfernung von Berenice. Es ist dies nach Süden zu der letzte bewohnte Ort, und heute eine berühmte Sauya der Mádani, deren Chef Mohammed el Mádani in Mesurata begraben liegt. Wie diese Brüderschaft eine der tolerantesten ist, so zeigte sich auch der Vorsteher von Schadábia äusserst liebenswürdig und ohne fanatischen Dünkel. Er warnte Seite 39wiederholt (auf Beurmann hinweisend, der indess gar nichts mit den Snussi zu thun gehabt hat) vor den Snussi, vor den Bewohnern von Audjila und Siuah, meinte aber, hier solle ich nur ruhig campiren, da wo eine Sauya der Mádani sei, habe Niemand etwas zu fürchten. Aber trotzdem und trotz seiner guten Rathschläge, unterliess ich es doch nicht Nachts Wachen auszustellen und den Thieren überdies wie immer ihre Eisen anlegen zu lassen. Mein armer Esel war nun fast reitunfähig geworden, die heissen Winde hatten ihn vom Esel auf den Hund gebracht.

Von Schadábia aus, legten wir am 8. April die ersten zwei Stunden südlich zu West zurück bis zur merkwürdigen Burg Henéa[20]. Offenbar ist dies weder ein griechisches noch römisches Bauwerk, sondern libyschen Ursprungs. Zu ebener Erde gelegen, ist diese Burg der Art angelegt (ähnlich wie die monolithischen Kirchen von Lalibala in Abessinien), dass man zum Graben derselben den Fels ausgehoben hat, und den als einzigen Block inwendig stehen gebliebenen Felsen zur Burg verarbeitet hatte. Die contreescarpirten Wände des tiefen 20' breiten Grabens haben Gänge und Kasematten, sämmtlich wie neu und ausgezeichnet erhalten. Unterirdisch stehen diese mit der Block-Burg zusammen. Diese enthält vollkommen gute erhaltene Abtheilungen. Alles aus einem Steine gehauen, durchwandelt man lange Seite 40 breite Gänge, mit Krippen ebenfalls aus Stein, Beweis, dass in dieser eigenthümlichen Burg sogar Pferde waren, andere kleine Zimmer und grosse Säle münden auf die Gänge. Nur ein einziger sanft ablaufender Zugang führt, die Contreescarpe durchschneidend, in den Graben, die Hauptöffnung des Blocks befindet sich aber auf der entgegengesetzten Seite der Burg. Die ganze Contreescarpe, die unterirdisch, wie gesagt, mit dem Block communicirt, konnte den Graben durch Felslöcher vertheidigen. Gewiss eins der bemerkenswerthesten Baudenkmäler alter Fortification.

Von hier an gingen wir selben Tages noch fünf Stunden S.-S.-O. weiter, passirten nach zwei Stunden den Tafra-Brunnen, der wie alle folgenden Bitterwasser hat, liessen nach etwa einer Stunde den vereinzelten Hügel Karassa, der als Allem oder Wegweiser dient, liegen und lagerten Abends am Chor-Shofan. Die sehr schwache Bevölkerung wird von den uled Schich und den Schibli gebildet. Die Vegetation hört fast ganz auf, in der That hatten wir mit Chor-Shofan die Grenze des Mittelmeer-Niederschlags erreicht, der Floh hört auf der beständige Begleiter des Menschen zu sein. Wie mit Zauber ist er verschwunden, heute wird man noch von ihm gequält, morgen hat er uns verlassen. Die Araber sagten zwar, anderes Ungeziefer würde auch das Weite suchen, aber ich wusste aus langer Erfahrung, dass die noch lästigeren Collegen des Floh die Wüste, den Samum, Seite 41die trockne Hitze nicht scheuen. Im Gegentheil! Vom Chor-Shofan fängt dann nun auch die Sahara an.

Auch am folgenden Tage hielten wir S.-S.-O.-R., und um 6 Uhr Morgens aufbrechend, brachte uns der Allem (Wegweiser) el Dürr auf den vom Brunnen Alaya kommenden Weg. Und eine Stunde Frühstücksrast abgerechnet, durchschritten wir um 2 Uhr den ned Fareg. Es ist dies eigentlich kein Thal oder Flussbett, sondern eine von Westen nach Osten streichende Einsenkung ohne Abdachung. Nach Westen geht die Fareg-Einsenkung drei Tagemärsche weit bis zum Ras el ain el kebrit, und zwei Tagemärsche vom Punkt, wo wir Fareg passirten nach Osten; da wo wir die Einsenkung passirten, liegt der Brunnen Besseria[21]. Das südliche Ufer vom Fareg heisst Diffa el uadi (Gastmahl des Thales) und eine Menge Steinhaufen, Bu-Sfar genannt, sind zum Andenken für die errichtet, welche sich dem Gebrauche hier ein Extraessen zu geben, entzogen. Solche Steinhaufen, welche Gräber vorstellen sollen, findet man an gewissen Stellen in der ganzen Sahara. An solchen Stellen muss nämlich ein des Weges zum ersten Male durchziehender, seinen Cameraden, welche die Reise schon gemacht haben, einen Extraschmaus geben, thut Seite 42er es nicht, so errichtet man ihm einen Steinhaufen, ein Grab, zum Zeichen seines Geizes. Da nun aber solche Stellen sehr häufig vorkommen, so hatte ich ein für allemal die Gewohnheit mich begraben zu lassen und legte zuerst gewöhnlich den Stein; ausser unserem Führer, dem Diener des Mudir von Audjila und meinem Neger Bu-Bekr, hatte Niemand von uns den Weg zurückgelegt, wir liessen uns also alle begraben, wie auch später noch öfter. Gleich hinter Fareg fängt eine Sserir an,

Namens Thuil (die lange), dort lagerten wir fünf Uhr Abends.

Am 10. April erreichten wir in südsüdöstlicher Richtung nach einem sechsstündigen Marsche über die Sserir Thuil die grosse von Westen kommende Einsenkung des Bir Ressam. Wo diese im Westen ihren Anfang nimmt, war von meinen Leuten nicht zu ermitteln, vielleicht geht sie bis dicht an die Syrte, vielleicht nach Ain kibrit, und ist somit im Zusammenhange mit Fareg. Der Brunnen selbst hat abscheuliches Wasser, die Kameele trinken es jedoch, einige Palmbüsche sind in der Nähe, und die Ruinen des Gasr Shahabi deuten auf eine einstige Besiedelung. Die Einsenkung zeichnet sich durch zahlreiche Versteinerungen, Muscheln etc. aus, oft sieht man ganze Baumstämme auf dem Boden liegen, meist in Flintstein verwandelt. Palmen und Lentisken sind es besonders, die ehemals die Vegetation bildeten, von der jetzt nur die steinernen Formen übrig geblieben sind. Lebende Vegetation ist in dieser Einsenkung durch Belbel, Domrahn _{Seite 43}und Rherrhek vertreten, letzteres ein Busch; der in der Süd-Sahara unter dem Namen Suak bekannt ist. Die Ressam-Einsenkung ist 100 Meter tiefer als das Mittelmeer (am Brunnen das Barometer auf 772 M.M. = -104 Meter). Den tiefsten Punkt erreichten wir Abends bei Gor-n-nus (am Lagerplatz ergab das Barometer Abends 772, Morgens 773, um 9 Uhr Morgens 772, erreichte also circa 107 M. Tiefe). An dem Tage hatten wir 12 Stunden zurückgelegt.

Auch am folgenden Tage behielten wir diese Richtung von früher und marschirten in der Depression weiter, um 6 Uhr aufbrechend, sendete die Einsenkung um 7 Uhr einen ebenso breiten Arm nach dem circa 6 Stunden entfernten Gor Mschirk ab. Um 9 Uhr passirten wir den ebenfalls Bitterwasser haltenden Brunnen Marak und stiessen auf zwei grosse von Audjila kommende Sklavenkarawanen, die nach Bengasi zogen. Das Land ausserhalb der Einsenkung ist grossgewellt, und grobkörniger Sandboden, manchmal mit bunten Kieselchen bestreut, und nicht ganz ohne alle Vegetation. Nachmittags 2 Uhr bemerkten wir östlich von uns den Dj. Beddafar circa 4 Stunden entfernt. Die nach S.-O. ziehende Depression hatten wir Mittags schon verlassen, und lagerten Abends 5 Uhr bei Gor meschtefar schirgia.

Der darauf folgende Tag, ein zwölfstündiger Marsch, über eine durch nichts unterbrochene grossgewellte, grobkörnige Sandebene, war der langweiligste und einförmigste Seite 44 von allen, nur zweimal wird diese wüste Ebene durch zwei Allem (Wegweiser) unterbrochen. Unsere Richtung war immer die gleiche, wie an den vorherigen Tagen. Ebenso unerquicklich war der letzte Tag, der Führer war zudem auf dem Kameele eingeschlafen und wir hatten eine ganze Zeitlang die Richtung verloren, bis wir endlich durch den Stand der Sonne aufmerksam darauf gemacht wurden.

Audjila und Djalo.

Es war gegen Abend des elften Tages, als wir die Oase erreichten. Schon einige Stunden vorher hatten wir wie eine schwarze Linie am Horizont die hohen Palmen derselben erblickt, und die Kameele, welche seit Bir-Ressam nicht getrunken hatten, beschleunigten den Marsch, sobald sie die Palmen hatten auftauchen gesehen. Je näher wir kamen, desto schöner wurde der Anblick; links vor uns, wo bedeutende Sebcha sich ausdehnten, spiegelten sich die Palmen als wie auf einer Silberfläche, davor schlug die Luft grosse Wellen, so dass man oft ein bewegtes Meer zu sehen glaubte. Dann kamen wir an den röthlich-braunen Sebcha, der, von der untergehenden Sonne beleuchtet, einen eigenthümlichen Contrast mit der weissen Sandfläche davor, mit Seite 45den grünen Palmen dahinter bildete. So hat auch die Wüste ihre Schönheit, und in solchem Augenblick konnte ich es begreifen, wenn St. John, als er von der Wüste Abschied nahm, sein Buch mit den Worten schloss:

> „Oh! that the desert were my dwelling-place
> with one fair spirit for my minister!"

Den ganzen Tag abwechselnd zu Kameel und Esel, war ich abgesprungen, sobald wir den Sebcha erreicht hatten, durch den nur ein schmaler Pfad sich hinschlängelt, während rechts und links Salzmoräste liegen, mit einer dünnen Kruste bedeckt. Es war also die grösste Vorsicht nöthig, um die Kameele hindurchzuführen, denn ein beladenes Kameel wäre bei einem Seitentritt gleich versunken. Alle kamen gut durch, nur der alte Esel, der von weitem einige Ya seiner Brüder vernommen hatte, Musik, welche für seine langen Ohren verlockend sein musste, wollte in seiner Ungeduld vom Wege ab, aber schon beim ersten Schritt sass er fest. Nur mit Mühe konnten ihn die Leute wieder flott kriegen, aber herausgezogen, ging er dann geduldig und nachdenkend hinter der langen Colonne von Kameelen einher.

Es war schon ganz dunkel, als wir den eigentlichen Palmwald erreichten, nachdem wir schon eine Zeitlang zwischen Had (Cornulaca monacantha Delile), Belbel (Anabasis articulata) und Domran (Traganum nudatum), den ersten Vorboten der Vegetation, hinmarschirt waren. Das Aufziehen des Wassers aus den Brunnen verrieth Seite 46uns, dass wir jetzt zwischen Gärten waren, denn es war nun so dunkel geworden unter den Palmen, dass wir nur noch den Weg unterscheiden konnten. Aber bald hatten wir den Lagerplatz erreicht und fanden schon eine andere Karawane vor, die von Djalo gekommen nach Bengasi wollte. Zwischen Tamarisken, in der Nähe der Quelle Sibilleh, der einzigen der ganzen Oase, schlugen wir unsere Zelte auf, umringt von vielen Neugierigen, die sich nach vielen Ssalamat nach den Neuigkeiten und Preisen in Bengasi erkundigten.

Ich schickte gleich einen Theil der Leute mit den Kameelen zur Quelle, um diese abtränken zu lassen und um uns einen Schlauch frischen süssen Wassers zu füllen, die anderen schlugen rasch die Zelte auf, einer beschäftigte sich mit der Küche, und noch ein anderer war mit den Bewohnern in Unterhandlung getreten, um Hühner, Eier und Zwiebeln zu kaufen. Obgleich spät angekommen, hatte sich die ganze Einwohnerschaft um unsere Zelte versammelt, jedoch ging alles recht anständig zu, und war von Zudringlichkeit oder Schimpfen keine Rede. Als ich später noch heraustrat, die etwas zerstreut stehenden Kisten und anderen Gegenstände zusammenstellen liess, und meinen Leuten empfahl wegen etwaiger Diebe sich Nachts dicht daneben zu legen, trat einer der Einwohner heran und meinte, alles könne stehen und liegen bleiben wie es wäre, hier sei nicht Barca, Diebe gäbe es in Audjila nicht, und die Leute sollten Seite 47nur ruhig schlafen, ohne Wache zu halten. Unser alter Führer bestätigte diess auch und sagte er wolle mit seinem Kopfe haften, wenn irgend etwas abhanden käme. So konnten wir uns denn einmal wieder einem sorglosen Schlaf hingeben, zumal der alte Staui immer nur halb schlief; auch die Kameele und Esel bekamen keine Fusseisen, was sonst immer geschehen war.

Die Oasengruppe besteht aus drei durch Sserir getrennten Inseln, im Westen Audjila, in der Mitte Djalo[22], im Osten Uadi, dessen Verlängerung im Süden Batofl ist. Djalo liegt nach Moriz v. Beurmann auf 21° 23' 4" ö. L. v. Gr. und 29° 0' 40" n. Br. Die später aus den Berichten Beurmanns an Prof. Bruhns in Leipzig von diesem gemachten Berechnungen bedürfen einer Revision. Der ganze Oasencomplex fällt nach der zehnblättrigen Karte der Petermann'schen Mittheilungen zwischen 29° und 29° 30' n. Br. und circa 21° 50' und 22° 30' ö. L. v. Gr.

Die Lage der einzelnen Oasen zu sich selbst ist derart, dass Audjila im Westen gelegen, halbmondartig von N.-N.-O. nach S.-S.-W. gestreckt ist, und seine convexe Seite, nach Osten gerichtet, durch eine vier bis fünf Stunden breite Sserir von Djalo getrennt wird, welches länglich gestreckt ist und seine Längsachse von N.-W. nach S.-O. gerichtet hat. Die Nordwestspitze von Djalo ist demnach auch nur drei Stunden von Audjila entfernt. _{Seite 48}Uadi, höchst wahrscheinlich eine Fortsetzung von Uadi el Ressam und Mareg, zieht sich ebenfalls in einem grossen Bogen, dessen convexe Seite nach Osten gerichtet ist, hin, und verbreitert sich südlich zur Oase Batofl, so dass der Ort Batofl fast südlich, etwas zu Ost, unter Djalo zu liegen kommt. Tiefer als das Meer gelegen, etwa 51 Meter, ist Audjila von Sserir und röthlichen Sanddünen umgeben, denen jede Spur von Vegetation abgeht. In der Oase selbst ist der Boden gypsartig, sobald man eine Schicht von einigen Fuss Sand durchdrungen hat. Die Länge von Audjila beträgt circa drei deutsche Meilen, der nördlichste Theil ist indess nicht bewohnt; die Breite ist verhältnissmässig gering, eine Stunde nördlich von Audjila, wo die Oase am breitesten ist, circa ¼ deutsche Meile.

Djalo, ebenfalls von Sserir umgeben, und etwa 30 Meter tiefer als das mittelländische Meer, hat eine S-förmig gewundene Gestalt, die Länge beträgt ebenfalls circa drei deutsche Meilen, die Breite jedoch in der Mitte erreicht 1½ deutsche Meilen, und fast bis zum Südende bleibt sie dieselbe. Das Terrain in Djalo ist bedeutend salzhaltiger, die Oase im Innern an vielen Stellen von Dünen durchsetzt, das Wasser ist so brackisch, dass die reichen Leute zum Trinken ihren Bedarf in Uadi holen lassen. In Leschkerreh sind die Bodenverhältnisse dieselben, das Wasser ist dort süss, ebenso in Batofl, welches _{Seite 49}guten Gartenboden und ausgezeichnetes Trinkwasser hat.

Diese Oasengruppe, den Alten unter dem Namen Augila (τὰ Αὔγιλα) bekannt, scheint in den ältesten Zeiten keine festen Bewohner gehabt zu haben. Herodot überliefert uns, dass die an der Syrte herumnomadisirenden Nasomonen alljährlich nach Audjila zögen, um im Herbst die Datteln einzuheimsen. Derselbe erwähnt ferner nur eine Quelle, und in der That ist auch nur eine vorhanden, Sibilléh. Auch die Beschreibung des salzhaltigen Bodens trifft zu, wenn auch die Erwähnung eines einzigen Hügels nicht passt, da in Audjila sowohl wie in Djalo viele Hügel sind, welche aber als Neulinge oder Dünen auch nach Herodots Zeit entstanden sein können. Die Entfernung von der Ammon-Oase giebt Herodot auf zehn Tagemärsche an, und eben so weit bis zu den Ländern der Garamanten. Wir brauchen deshalb die Angabe des Plinius nicht für falsch zu halten, der die letzte Entfernung auf zwölf Tagemärsche angiebt.

Später scheinen sich libysche Stämme in Audjila festgesetzt zu haben, obgleich der Cultus der Sterne dort nicht eingebürgert gewesen zu sein scheint. Ueberdies wissen wir auch von den Nasomonen, dass diese mit ihren Todten und auf den Gräbern derselben feierliche Handlungen vornahmen. Um so leichter wurden sie dann später geneigt, als sie sich in Audjila fixirten, den Cultus der Ammonier anzunehmen. Pomponius Mela Seite 50 erzählt uns von ihrem Manendienst, welche Manen sie wie Orakel zu consultiren pflegten, sie schliefen, sagt er, oft auf den Gräbern ihrer Anverwandten, und legten die Träume als eine Antwort aus. Dass übrigens der Ammondienst später dort herrschte, geht aus Procopius hervor, der das eigentliche Ammonium unter dem Namen eines doppelten, zwiefachen Augila begreift, und sagt, bei beiden seien Heidentempel und Priester gewesen, welche von Justinian in Kirchen und Christen umgewandelt worden wären.

Unter den Römern scheint ein Castell zum Schutze der Karawanen in Audjila gewesen zu sein; Leo im 15. Jahrhundert will dort noch Schlösser gesehen haben, und Pacho spricht auch noch von Backsteinüberresten, welche er aber auf libyschen Ursprung zurückführen zu müssen glaubt. Hamilton erwähnt nur vieler Topfscherben, ich selbst konnte auch nichts weiter finden, und diese können ebenso gut neuesten wie ältesten Datums sein. Dapper kennt die Oase im Anfange des 17. Jahrhunderts unter dem Namen Augele.

Wenn von Pacho noch ein unterirdisches Gebäude erwähnt wird, welches er in Djalo gesehen haben will, und er auch in seinem Atlas Abbildungen einer dort vorgefundenen Säule und eines Steines giebt, so konnte schon Hamilton nichts davon entdecken, Beurmann erwähnt die Sache gar nicht, und ich selbst konnte auch nichts darüber in Erfahrung bringen, denn auf eigene Seite 51Faust angestellte Nachforschungen führten zu keinem besseren Ergebnisse. Indess ist wohl kaum ein Zweifel zu erheben, dass dasselbe existirte.

Die heutigen Bewohner zerfallen in drei Hauptstämme, die Uadjili, sesshaft in der Oase Audjila und einem Theile der Oase von Djalo, besonders im Hauptorte Lebba, die Modjabra, besonders in Djalo mit ihrem Hauptorte l'Areg und die Suaya in Leschkerreh. In Batofl sind die Bewohner gemischt von allen drei Stämmen. Von diesen sind die Uadjili libyscher Herkunft, reden auch heute noch einen Dialekt des Tamasirht und ist ihre Sprache eng verwandt mit der von Rhadames, Sokna, Siuah und dem Targi. Ob die Modjabra auch berberischen Ursprungs sind, ist zweifelhaft, sie reden arabisch, wollen aber keine Araber sein, die Suaya sind ächte Araber.

Die Zahl der Bewohner ist schwer zu ermitteln; Pacho in

den zwanziger Jahren giebt sie auf 9–10,000 Einwohner an, und basirt seinen Calcul auf 3000 waffenfähige Männer. Hamilton giebt für l'Areg allein 4000 Einwohner an, von andern Reisenden, welche die Oasen berührt haben, fehlen statistische Nachrichten. Nach eigenem Ueberschlage, und auf die Aussage der Eingebornen hin, würde ich für Audjila 4000, für Djalo 6000, für Leschkerreh 500 und für Batofl 1000 Einwohner annehmen, im Ganzen also circa 11–12,000 Einwohner. Im Aeusseren ist zwischen den Berbern und Arabern gar Seite 52 kein Unterschied wahrzunehmen, denn die letzten sind hässlich, meist mit dicken Lippen und von bräunlichem Teint, was wohl der starken Vermischung mit Negerblut zuzuschreiben ist. Ursprünglich von unabhängigem und kriegerischem Naturell, haben sie seit 20 Jahren lernen müssen sich dem Gesetze zu fügen, und sind jetzt mit allen Umwohnern, welche, wie sie, dem osmanischen Reiche unterworfen sind, in Frieden. Die Moralität in den Oasen ist keineswegs weit her, wie überall da, wo zu den ohnediess laxen Gesetzen des Islam, sich die Leute offen dem Trunke ergeben. Sowohl Uadjili wie Modjabra fröhnen dem täglichen, reichlichen Genusse des Lakbi (Palmwein), welcher Jahr aus Jahr ein meistens den kleinen männlichen Palmen entzapft wird. Daher kommt es denn auch wohl, dass die Heirathen als festes Bindemittel zwischen Mann und Frau hier noch leichter gelöst werden als es sonst in den meisten mohammedanischen Ländern der Fall ist. Hamilton notirte, dass es Männer gäbe, welche 20–30mal hintereinander geheirathet hätten, und man sich eine Frau für den billigen Preis von 8 bis 10 Thalern verschaffen könne. Im Uebrigen sind weder die Modjabra noch Uadjili als Diebe, Mörder oder Lügner verschrieen, und die Bewohner der anderen beiden kleinen Oasen haben auch einen guten Ruf. Die Modjabra, als vorzügliche Handelsleute in der ganzen Wüste bekannt, haben überall Credit, sowohl in Aegypten, Bengasi und Tripolis als auch in Uadai, Bornu und Haussa. ₅ₑᵢₜₑ ₅₃Nebst den Rhadamsern sind sie die kühnsten und weitreisendsten Kaufleute, und meist bringen sie, bis Schwäche sie hindert, ihr Leben auf ihren langen, gefahrvollen Wegen zu. Die directe Verbindung mit Uadai über Kufra und Uadjanga ist ihr Werk, nach Burkhart geschah dies zuerst im Jahre 1811 und 1813. Der Verkehr wurde bald sehr bedeutend. 1855 stockte indess der Handel mit Uadai gänzlich, da, wie v. Beurmann uns erzählt, in jenem Jahre eine von Uadai kommende Karawane, die noch dazu dem Sultan dieses Landes gehörte, bei Audjila von maltesischen Kaufleuten überfallen und ausgeplündert wurde. Seit zwei Jahren sind die directen Verbindungen wieder hergestellt, bei unserer Anwesenheit war gerade eine Karawane aus Uadai in Bengasi und eine aus Modjabra-Kaufleuten bestehende wurde erwartet.

Die Uadjili beschäftigen sich viel mit Gartenzucht und dem Vermiethen von Kameelen, für welche sie in den benachbarten Uadis reichlich Futter finden. Ohne sich direct am Handel zu betheiligen, vermitteln sie hauptsächlich den Verkehr mit Bengasi und den zunächst liegenden Oasen, jeder Erwachsene ist Führer; bis Fesan, Bengasi, zur Syrte und Aegypten kennen die Uadjili Schritt und Tritt. Die Suaya von Leschkerreh, noch mehr dem Trunke ergeben wie die eben genannten, leben von ihren Palmen und Kameelen, ausserdem heimsen sie die Datteln einiger Oasen von Kufra ein, da aber jetzt ₛₑᵢₜₑ ₅₄Kufra, ein Oasencomplex, welcher etwa 6 Tagemärsche südlich von Batofl liegt, eine feste Besiedlung bekommen hat, so werden diese Herbstzüge der Suaya wohl bald aufhören. Seit einiger Zeit hat dort Sidi el Mahdi, der Sohn und Nachfolger des unter den Mohammedanern in Nordostafrika berühmten Snussi eine Sauya[23] gegründet und auch eine Stadt angelegt.

Die Kleidung der Bewohner ist sehr einfach, ein langes

Hemd, darüber ein Barakan oder Haik, eine fast enge, baumwollene Hose, die aber nur bis auf die Waden herabfällt, ein rother oder weisswollener Fes und gelbe Pantoffeln ist die gewöhnliche Tracht; Arme gehen meist barhaupt und barfuss. Die reichen Modjabra-Kaufleute machen natürlich Luxus und lieben es Tripoliner oder Kahiriner Tracht anzulegen. Die Rhadamser Sitte, feine Sudan-Toben oder Nube-Hosen zu tragen, herrscht hier nicht. Die Frauen, welche unverschleiert gehen, legen meist dunkelblaue Tracht an, haben je nach Vermögen schwere silberne oder kupferne Ringe um Knöchel und Arme, auch die Finger bestecken sie reichlich mit Ringen, und um den Hals tragen sie Bernsteinketten, oft auch goldene. Die meisten tragen ein blaues Kattuntuch um den Kopf, und desshalb war auch nicht zu erkennen, welcher Mode sie in Beziehung ihrer Haare huldigen.

Vom Liva Bengasi abhängig, werden alle Oasen von einem Mudir regiert, der seinen Sitz in Djalo hat, aber Seite 55meist seine Zeit in Bengasi zubringt. Während seiner Abwesenheit regiert jeder Stamm sich selbst, deren haben wir in Audjila drei, in l'Areg vierzehn und in Lebba drei, Leschkerreh und Batofl haben je einen, ebenso die kleinen Palmdörfer der Oasen. Pacho fand bei seiner Anwesenheit in Djalo einen Franzosen als Bei und Herrscher der ganzen Oase. Mit der französischen Expedition als Tambour nach Aegypten gekommen, war er in türkische Gefangenschaft gerathen, hatte sich durch einnehmendes Wesen und Tapferkeit bis zum Officier hinaufgeschwungen und war schliesslich von Tripolis aus zum Bei der Oasen ernannt worden. Die Bewohner von Djalo erinnerten sich in der That noch des Mamelucken, welcher Pacho so viele Aufmerksamkeit erwiesen hatte.

Für die Gerechtigkeit ist ausserdem ein Kadi vorhanden,

der seine Stelle und Ernennung vom Gouverneur von Bengasi erkaufen muss; der Dienst in den Djemmen wird von Tholba und Faki versehen, welche sich selbst durch Frömmigkeit und Gelehrsamkeit die Thür zu diesen Plätzen öffnen. Der Orden der Snussi hat gleichfalls in Djalo ein Kloster gestiftet, und den Bemühungen der Brüder soll es gelungen sein den Leuten etwas mehr Moral und Erziehung beizubringen, obgleich das allgemeine und starke Trinken noch immer anhält, wie man aus den zahlreich angezapften Palmen ersehen kann.

Es versteht sich von selbst, dass die Bewohner eine Steuer zahlen, und zwar wird die Palme mit 2½ Piaster _{Seite 56}besteuert. Es mögen sicher über 200,000 Palmen insgesammt in den Oasen sein, mehr aber als 100,000 werden officiell nicht besteuert. Dies macht also für das türkische Gouvernement eine jährliche Einnahme von 250,000 Piaster oder 12,500 Mahbub, oder etwa 14,000 preussische Thaler. Djalo muss hievon bei weitem das Meiste zahlen, obschon die Angabe Hamilton's, Audjila mit etwa 16,000 Dattelbäumen, überdoppelt zu niedrig ist, und Djalo allein auch mehr als 100,000 Palmen hat. Man denke aber nicht etwa, dass die nicht censirten Palmen nichts zu bezahlen haben, gezählt sind sie alle, aber das Geld der nicht eingetragenen wandert in die Tasche des Mudirs, der natürlich für seine Stelle durch grosse Bakschisch danken muss. Andere Abgaben kommen nicht vor, namentlich sind aus den Negerländern kommende Gegenstände, als Federn und Elfenbein, hier keinem Zoll unterworfen, sondern erst in Bengasi oder Aegypten. Die in der Oase circulirenden Münzsorten sind die von der Türkei, doch ist natürlich auch hier der Maria Theresienthaler das häufigste grosse Silbergeld.

Im übrigen leben die Bewohner sehr einfach. Gegen ihre

ganz ausgezeichneten Datteln, schon im Alterthum berühmt, tauschen sie sich das ihnen noch nöthige Korn und Vieh ein, und in ihren Gärten ziehen sie ausser Weizen, Gerste von ausgezeichneter Güte, Negerhirse, einige Gemüse, als rothen Pfeffer, Zwiebeln, Knoblauch, Rüben, Bohnen, Carotten, Malochin (Hibiscus esculentus), Seite 57Auberginen (Solanum melongena), Tomaten, Kürbisse, Melonen und Wassermelonen. An Früchten finden sich ausser den vielen Dattelsorten, schlechte Pflaumen und verkrüppelte Aepfel, Aprikosen und Pfirsiche. Von wildwachsenden Bäumen ist nur der Ethel (Tamarix articulata) vorhanden.

Das Thierreich ist wie in allen Oasen schwach vertreten, drei oder vier Pferde, kleine Esel, gar kein Rindvieh, eine Anzahl von Ziegen und Schafe (Fettschwanz), einige wenige Hunde, ist alles, was an Säugethieren vorhanden ist; an Federvieh sind Hühner zahlreich, Tauben wenige vorhanden. Wild kommt gar nicht vor, wenn man Springratten, Ratten und Mäuse nicht dahin zählen will. Von den Vögeln sind nur Raben, Schwalben, kleine Waldtauben und Sperlinge vorhanden, Fische giebt es keine in der Quelle, Frösche, Eidechsen, Skorpione, Mistkäfer sind in mässiger Zahl, aber Milliardenweise die Fliegen vorhanden. Im Mineralreich verdient nur das Salz eine Erwähnung, das, aus den Sebchas gewonnen, mehr als hinreichend für den Bedarf der Bewohner ist.

Die Gartenzucht wird in Audjila sehr sorgfältig betrieben, und gewiss mit grosser Mühe. In kleine Beete eingetheilt, welche von Dämmen eingeschlossen sind, geschieht die Bewässerung durch Brunnen, bei denen Sklaven oder Esel thätig sind, das Wasser Tag und Nacht herauszuziehen. Diese kleinen Beete zu einem Garten Seite 58vereinigt, sind dann von Palmhecken eingefriedigt, welche zuweilen auch dazu dienen, die Sanddünen abzuhalten. Es ist hier ein fortwährendes Ringen mit der Natur, jeder Fleck wird benutzt, oft werden sogar die Dünen angegriffen, denn mit Wasser und etwas Dünger gedeiht im Lande Alles, was die Bewohner ziehen wollen. Und das geht das ganze Jahr durch: ist im März die Gerste und der Weizen geschnitten, so wird gleich wieder gedüngt für Sommergemüse, und wenn diese gegessen sind, kommen Bohnen, Rüben und Carotten an die Reihe. In Djalo ist aber lange nicht solch sorgfältiger Gartenbau, theils liegt es wohl daran, weil der Boden bedeutend ungünstiger ist, dann auch, weil die Modjábra alle Kaufleute sind, Vermögen haben, mithin ihren Bedarf für Geld leicht von Audjila beziehen können. In Leschkerreh ist gar kein Gartenbau, hingegen sollen die Bewohner Batofls eben so rührig sein wie die Uadjili.

Die Oase Audjila, nach dem Hauptorte so benannt, welcher fast im Süden und hart am Ostrande liegt, hat ausserdem noch die bewohnten Oerter, von Norden nach Süden gerechnet folgenden Namens: Masús, Beldjú, Soáni Schoáschna, Nekfósch, Nuâra, Duenéhm, Tin-Kersi, Abd-el Metal, Bu-Ssellim, Fellri, alle diese Oerter liegen nördlich vom Orte Audjla, westlich davon sind Ssellúfa, Tin-Gedért, Bir-Daim, südwestlich Duertállem und südlich Bu-Attáf, Márabit und el-Chúschschan. Alle diese ebengenannten Oerter bestehen aus Palmhütten, manchmal Seite 59 jedoch auch sind die Wände der Häuser aus Stein und Thon. Kein einziges dieser Dörfer dürfte über 20 Familien haben.

Wenn die Oase Audjila den Namen vom Hauptorte empfangen hat, so ist dies bei Djalo nicht der Fall, es ist dies ein Name, der blos die ganze Oase bezeichnet, ohne eine bestimmte Oertlichkeit darin. Die Hauptörter sind hier l'Areg und Lebba, beide ungefähr von gleicher Grösse, in Lebba wird die Uadjili-Sprache, in l'Areg arabisch gesprochen. Beide liegen dicht bei einander in der Richtung von N.-W. nach S.-O. Von ihnen ausgerechnet liegen im N.-W. Héri, Schürf, Um-es-Msihd, im N. Halláuin, Drb-el-Bil, Lakoschía, Lafan, Hágeba, Hargús, Djémma, Schükoría, Lkúddea, Ssossomíat, im W. Síada, M h é r i k , R s c h a d a , Lcharabísch, Lrharbi, Lsoëïat, im S.-W. Rhoschiría, im S. Rmla, Lkeböl, im O. L e b ú s , Beráni, Ssafan und Hattía. Nur die mit gesperrten Lettern gedruckten haben über zwanzig Familien. In den andern beiden Oasen sind nur je ein Ort des gleichen Namens.

Die Sonne schien, als ich am andern Morgen erwachte, schon ins Zelt; mein Diener hatte es leise aufgeschnallt, und auf einer Kiste, welche zugleich als Tisch diente, fand ich bereits Kaffee und Milch, frisches Brod, Butter und Gemüse, die wir seit Bengasi nicht mehr gehabt hatten. Meine Leute sassen wartend in der Sonne, reparirten die Sättel, die Säcke, indess der alte <small>Seite 60</small>Mohammed Staui, dessen sich vielleicht Einige erinnern werden, welche meinen Aufenthalt in Rhadames verfolgt haben, die Mehl- und Fettvorräthe revidirte, und halb englisch, halb arabisch, halb italienisch meinem deutschen Diener (einem Bayern), der zugleich alle anderen unter sich hatte, auseinander zu setzen suchte, wir würden nächstens Bankerott machen, wenn fortgefahren würde den Negern und Kameeltreibern alle Tage so reichliche Portionen zu verabreichen. Der alte Staui war noch geiziger geworden als er früher schon war, er hätte uns am liebsten mit unseren Vorräthen Alle verhungern lassen, mich selbst nicht ausgenommen.

Langsam wurde geladen, langsam wurde aufgebrochen, und langsam zogen wir dahin durch die schmucken Palmgärten, es war ein Spazierritt, denn wir hatten nur etwa drei Stunden bis zum Orte Audjila selbst. Natürlich erregten auch hier die sonderbaren Kisten, und dann hauptsächlich wir beiden Deutschen in christlicher Tracht grosses Aufsehen; aber nur freundliche Ssalamat wurden uns zu Theil, welche mein bayerischer Diener immer ernst mit der Hand auf der Brust erwiederte. Es war fast 11 Uhr geworden, als wir dicht bei Audjila waren, und ich dem Staui sagte vorauszugehen, um dem Mudir, welcher von Djalo hierher gekommen war, meine Ankunft anzuzeigen. Und als wir dann durch die engen Strassen, die gerade breit genug waren für ein beladenes Kameel, dahinzogen, kam uns der Mudir schon entgegen, Seite 61 begleitet von all seinen Beamten, Dienern und einem grossen Tross Neugieriger. Ich war froh, dass er, als die nicht enden wollenden Ssalamat vorüber waren, anfing in arabischer Sprache zu sprechen, da sonst in der Regel die meisten türkischen Beamten nur ihre eigene Sprache reden. Er führte uns dann nach dem Schlosse, welches wohl aus dem Grunde nicht bewohnt wurde, weil es ganz baufällig, fast eine vollkommene Ruine ist. Zudem hatte der Mudir seinen Wohnsitz nicht darin aufgeschlagen, weil keine Harem-Vorrichtung darin ist. Dies Gebäude, welches den pomphaften Namen Schloss führte, war früher, als Audjila noch unabhängig war, von dem Bei der Oase bewohnt worden. Jetzt konnten wir mit Noth aus all den vielen Zimmern eins herausfinden, welches überdacht war und wo man ein Unterkommen sich schaffen konnte, natürlich mussten gleich die Fensterlöcher und die Thür verstopft und behangen werden, zur Abwehr gegen die unzähligen Fliegen, die aber nur durch vollkommene Dunkelheit zu verscheuchen sind. Meine Leute campirten im Hofe selbst, da die übrigen Zimmer Einsturz drohten, die meisten sogar ganz zusammengefallen waren. Gegenüber vom Schloss befindet sich die Djemma, ein insofern interessantes Bauwerk, als das ganze Dach aus kleinen Kuppeln besteht von 4–5 Fuss Durchmesser auf 8–10 Fuss Höhe. Es ist dies die einzige Kirche im Orte, denn die andern sind blos kleine Capellen, in denen Freitags kein Seite 62 Chotba gelesen wird. Sonst hat Audjila nichts merkwürdiges, der Ort ist ohne Mauern, aber die Häuser selbst bilden nach aussen eine Art Mauer, alle Strassen sind gleich eng, Kaufläden giebt es keine, aber Nachmittags findet immer eine Art von Dellöl oder Auction statt, wo man kaufen und verkaufen kann. Die Bewohner im Orte betrugen sich sehr anständig, nur belästigte uns sehr eine weibliche Marábta (Heilige), welche, in tausenderlei Fetzen gehüllt, mit Federn geschmückt und mit Ringen und Glasperlen behangen, das Haar lang herabhängend mit bunten Bändern darin, sich für einen Abkömmling der Rumi (Christen) ausgab und bettelte. Da ich anfangs ihr Kauderwälsch nicht verstand und im Glauben sie spotte auf uns Christen, sie schon hinausschmeissen lassen wollte, baten die Bewohner des Ortes, welche immer zahlreich versammelt waren und sich an ihrem obscönen Tanzen und Schreien ergötzten, sie doch gewähren zu lassen, sie sei zwar ein Christenkind, habe aber von einem heiligen Manne ein Kind bekommen und sei dann besessen worden, ob von guten oder bösen Geistern, das wüssten sie nicht, sie sei aber Marábta. Ueberdies sei sie ja eine weitläufige Verwandte von mir. Die Marábta fing nun an auf die Mohammedaner zu schimpfen, um sich bei uns in Gunst zu setzen, die Uádjili mussten das ruhig mit anhören, es war eben eine Heilige für sie. Mit einigen kleinen Geschenken für sie Seite 63und ihr Kind brachten wir sie bald zum Hause hinaus, um dieser widerlichen Scene ein Ende zu machen.

Ich blieb nur noch den folgenden Tag in Audjila, um neue Vorräthe zu kaufen, da wir uns hier bis zur Jupiter Ammons-Oase verproviantiren mussten. Meine Unterhandlungen, um nach Kufra zu kommen, hatten vollkommen fehlgeschlagen, zwar wurden mir Kameele zu vermiethen angeboten, aber die Hauptsache, ein Führer, war nirgends zu beschaffen. Mir blieb nun blos noch die schwache Hoffnung, einen solchen in Djalo zu finden, aber auch das erwies sich später als trüglich. Am 15. April Morgens brachen wir dahin auf.

Sobald man Audjila verlassen, kommt man gleich auf eine grobkiesige Sserir, etwa 20 Meter höher gelegen als die Oase. Wir hielten den grossen Karawanenweg, welcher die Oasen verbindet, und dieser läuft in 160° Richtung. Ausser einem Wegweiser, Allem es Schrab oder Luftspiegelungswegweiser genannt, ist diese öde Fläche eben durch nichts als herrliche Fata morgana unterbrochen, welche hier täglich und zu jeder Jahreszeit beobachtet werden.

Schon nach zwei Stunden erblickt man das Nordwestende des Palmenwaldes von Djalo, Ued el Ftor (Frühstücksthal) genannt, und nach zwei anderen Stunden erreicht man den Brunnen Meslíua, und gleich darauf ist man unter den Palmen der Oase selbst. Man passirt den Ort Siáda, und dann gerade östlich weitergehend, Seite 64 erreicht man, immer von Palmen beschattet, nach einer andern Stunde die Hauptörter l'Areg und Lebba. Beim ersten vorbeiziehend, schlugen wir unser Lager unter einigen schönen Tamarisken auf, zwischen den beiden Orten, welche nur einen halben Kilometer von einander getrennt sind. Unser Empfang war aber hier ein ganz anderer als in Audjila, Banden von Kindern zogen neben uns her: Christenhunde, ungläubige Schweine, Söhne des Teufels, das waren noch die gelindesten Schimpfworte dieser kleinen Bengel; unsere mohammedanischen Diener kamen nicht besser weg, für sie erfanden sie noch besondere Beinamen, als im Dienste der verhassten Nassara stehend. Als sie nun gar anfingen mit Steinen zu werfen, wurden meine Diener auch grob, und es hätte durch diese kleinen Taugenichtse zu unangenehmen Verwickelungen kommen können, wenn nicht endlich die Eltern gekommen wären, um sie wegzutreiben. Um aber ähnliche Scenen zu vermeiden, machte ich die Eltern aufmerksam darauf, wie viele Brüder, Väter oder Verwandte von ihnen in Aegypten oder Bengasi wären, und dass diese dort Alle für meine Sicherheit und selbst für Beleidigungen würden haften müssen. Dies hatte den guten Erfolg, dass wir nun ruhig campiren konnten.

Der Mudir in Audjila hatte mir für die bedeutendsten Schichs der beiden Oerter Briefe mitgegeben, welche ich gleich bei unserer Ankunft durch den Führer hatte abgeben lassen. Gegen Abend kam denn auch Schich _{Seite 65} Yunes, um uns zu begrüssen. Es war derselbe, der zur Zeit Hamiltons in Djalo war, und obschon dieser sich eben nicht sehr zufrieden über ihn ausdrückt, gefiel mir der Mann recht gut. Ich bot ihm einen Feldstuhl zum Sitzen an, er meinte aber, er würde herunterfallen, zog seine gelben Pantoffeln aus und setzte sich auf den Teppich. Ohne Zweifel heute der reichste und angesehenste unter den Schichs, ging seine Macht aber doch nicht so weit, mir einen Führer nach Kufra zu verschaffen, oder fehlte der gute Wille? Nach seiner Meinung könne man nach Kufra nur hinkommen, wenn eine Karawane nach Uadai abginge, da der Weg nur einigen Wenigen bekannt sei, und diese gerade jetzt unterwegs wären. Möglich, dass dem wirklich so war, wahrscheinlich aber wollten die Modjabra sowohl, als auch die Uadjili keinen Christen dahin führen, um nicht die guten Beziehungen mit Uadai zu stören. — Abends schickte Schich Yunes eine grosse Diffa, aus allmächtigen Kuskussu-Schüsseln, Basina-Platten und gebackenen Hühnern bestehend; als Gegengeschenk schickte ich einige Pfund Pulver, einige Dutzend Taschentücher, Kautaback und Zucker. Die beiden Oerter aber, viel reicher als Audjila, fanden nicht für gut den Nsrani zu bewirthen; die Uadjili hatten uns einen Hammel geschenkt und ein entsprechendes Gegengeschenk erhalten.

Die beiden Oerter sind ungefähr von gleicher Grösse, und obschon sie von aussen ärmlicher aussahen als Audjila, Seite 66bedeutend behäbiger im Innern gebaut. Die Häuser sind grösser und mit mehr Comfort ausgestattet, die Modjábra trinken Thee und Kaffee und bringen sich oft von Kairo oder Alexandrien Luxusgegenstände mit, deren Gebrauch der arme Uadjili nicht einmal kennt. Jeder Ort hat eine Hauptmoschee, in l'Areg ist sodann noch eine grosse Sauya der Snussi, in deren Moschee Freitags auch Chotba gelesen wird. Ohne Aussicht, nach Kufra kommen zu können, blieb ich nur noch den folgenden Tag in Djalo, weil ich stündlich meinem Firman von Konstantinopel entgegensah, und Leute mir gesagt hatten, in Audjila sei ein Courier von Bengasi eingetroffen. Unter der Zeit verkaufte ich meinen alten Esel; es wäre unmöglich gewesen ihn durch die Rhartdünen und über die Gerdoba-Ebene zu bringen, ich hätte denn ein eigenes Kameel für ihn halten müssen zum Weitertransport. Und nachdem dann noch Datteln für die Kameele waren eingekauft worden, der Courier aber nicht eintraf, sagten wir den grünen Oasen der Nasomonen Adieu.

Die libysche Wüste zwischen Djalo und der Oase des Ammon.

Heute kommen wir überein, den Theil der Sahara die libysche Wüste zu nennen, welcher südlich vom sogenannten libyschen Plateau und nördlich von Fur Seite 67und Kordofan einerseits, andererseits westlich vom Nil und östlich von einer Linie gelegen ist, welche man sich von Audjila durch Kufra und Uadjanga nach Uadai gezogen denkt. Eigentlich liegt aber zu einer besonderen Benennung gar keine Berechtigung vor, da diese Strecke Landes sich durch Nichts von der übrigen Sahara zu unterscheiden scheint. Die Alten nannten das ganze nördliche Afrika Libyen zum Unterschiede von dem im Innern gelegenen Aethiopien, und die specielle Benennung dieses Theiles der Wüste als libysch, scheint durch die arabischen Geographen aufgekommen zu sein, da auch Leo diesen Theil östlich von Audjila als Leuata, Lebeta bezeichnet, ein Wort, was von Libyae herkommt.

Und wir können, bis das Innere dieses grossen Raumes erforscht ist, eines Raumes von circa 15 Quadratgraden, in den nie ein Europäer gedrungen ist, mit Recht diesen Namen beibehalten, um nur überhaupt einen Namen für eine so grosse Gegend zu haben, die wir sonst höchstens die östliche Sahara nennen könnten. Gewiss ist aber auch in diesem Theile der Wüste die grösste Mannigfaltigkeit vorhanden, Berge wechseln mit Sserir, Sanddünen mit Hammada, und zwei grosse Oasen sind uns wenigstens dem Namen nach bekannt, Kufra und Uadjanga.

Beide sind bewohnt, denn wenn Kufra auch durch tripolitanische Rasien, bis vor einigen Jahren der Bevölkerung Seite 68war beraubt worden (man hatte die einheimischen Teda in die Gefangenschaft geschleppt), so hat jetzt Sidi el Mahdi, der Sohn Snussis, dort eine Filial-Sauya errichtet, und Neger aus Uadai bilden den Kern der Bevölkerung.

Ob sich nun die lange Depression von Bir Ressam an durch Audjila hindurch bis nach Siuah, auch südlich hin erstreckt, das wäre gewiss höchst lohnend zu erforschen. Würde es der Fall sein, dass die Bodensenkung bis Uadjanga reicht; also ungefähr bis zum 22° nördl. B., so liesse sich durch eine Durchstechung des Ufers, etwa an der grossen Syrte, eine grosse Umwälzung für Afrika hervorrufen. Der ganze Theil südlich, vom sogenannten libyschen Plateau, würde dann Binnen-See werden, Audjila, Djalo und Siuah würden verschwinden, aber Central-Afrika würde uns dann auf eine Weise zugänglich werden, die Nichts zu wünschen übrig lässt. Und was hätte das Verschwinden jener kleinen Oasen zu bedeuten, und andere, von grösserer Ausdehnung, sind wohl schwerlich vorhanden. Oder sollten in der That, westlich von den Uah-Oasen, östlich von Kufra und Uadjanga, grössere Oasen existiren, oder gar bevölkerte Oasen dort vorhanden sein, ohne dass wir Kunde davon hätten? Wir glauben das nicht. Aber gerade diese Abwesenheit von Oasen, dieses Trostlose, diese endlose Einöde berechtigen uns denn auch um so mehr, diesen Theil der Sahara speciell zu benennen und zwar mit dem alten Worte der Seite 69libyschen Wüste. Wir durchzogen die Sahara von Westen nach Osten, von Norden nach Süden, aber nie durchwandelten wir eine ödere, abschreckendere Gegend als die von Uadi nach Bir Tarfaya. Der Weg südlich von Fesan bis Kauar ist durch die Gerippe vor Durst verschmachteter Negersklaven bezeichnet; aber dies ist nicht hervorgebracht durch Brunnenmangel, sondern durch zu knappes Mitnehmen von Wasser, durch Entbehrungen und Strapazen aller Art, welche die Sklaven zu erdulden haben. Zwischen Tidikelt und Timbuctu wird als verderbend und ohne Wasser die Tanesruft erwähnt, und doch beträgt die brunnenlose Strecke nur 5 Tagemärsche. Es giebt auch wohl in der ganzen übrigen Sahara keine Karawanenstrasse, welche eine grössere Brunnenentfernung hätte.

Hier von Batofl nach Süden, hat man erst am siebenten Tage Wasser, und geht man von Djalo oder Uadi nach Osten, also nach Siuah, so ist man circa 45 deutsche Meilen ohne Wasser. Und diese entsetzliche, wasserlose, vegetationslose Wüstenstrecke musste jetzt durchzogen werden.

Es war 7 Uhr Morgens, am 17. April, als wir Djalo verliessen, wo das Wasser so schlecht und die Leute so unmanierlich und wenig liebenswürdig waren. Wir hatten noch mehrere Schläuche zu unseren schon vorhandenen gekauft, hatten unsere Mehl- und Dattelvorräthe erneuert, und glaubten so den Schrecken der Wüste Seite 70trotzen zu können. Wir hielten immer N.-O. Richtung zu N. und legten im Ganzen an dem Tage sieben Stunden zurück, von denen zwei in der Oase Djalo selbst. So hübsch diese von aussen als Ganzes sich ausnimmt, so trostlos ist sie im Innern: fast nirgends Gartenbau, überall Dünenbildung, die Palmen nur gruppenweise, und fast so viele Lakbi träufelnde Palmen als fruchttragende, geben die vielen abgestorbenen Stümpfe dieses segenbringenden Baumes eine schlechte Vorstellung von dem Betriebseifer der Bewohner.

Man erreicht dann eine Ebene, die aus Kies und grobem Sand besteht, und wo zahlreiche Baumstümpfe, jetzt versteinert, und verglaste Holztrümmer auf ehemalige Vegetation hindeuten. Diese Ebene ist etwas höher als

Audjila aber auch noch u n t e r dem Niveau des Meeres. In dieser einförmigen Gegend zogen wir nun, immer in der alten Richtung haltend, sieben langweilige Stunden dahin, und erreichten dann das Uadi, wo wir Brunnenlöcher fanden. Diese haben weiter keinen Namen, sondern werden schlechtweg biur el uadi, d.h. Brunnen des Thales genannt.

Das Uadi zieht sich von hier nach Nordost, und einen halben Tagemarsch weiter stösst man auf den Brunnen A'gela (Lagheirah), der selbst hinwiederum einen halben Tagemarsch östlich vom bewohnten Orte Leschkerreh sich befindet. Dieser Ort liegt indess nicht im Uadi. Nach Süden zu geht das Uadi bis nach Batofl, <small>Seite 71</small>welches gewissermaassen seine Oasenbildung der unterirdischen Feuchtigkeit des Uadi verdankt. Dies ist reichlich mit Wüstengras, Belbel und männlichen Dattelbüschen bestanden. Letztere, welche gerade in Blüthe standen, wurden von den Bewohnern Djalos ihrer Blumen beraubt, die damit die weiblichen Dattelbäume ihrer Oase befruchten. Obgleich das Wasser überall auf 3 bis 5 Fuss Tiefe anzutreffen ist, scheint das Uadi nie bewohnt gewesen zu sein, wenigstens sind nirgends Spuren von Bauten oder Anpflanzungen übrig geblieben. Es ist dies umsomehr zu verwundern, als das Wasser das Beste der ganzen Oasengruppe und im Verhältniss so wenig salzhaltig ist, dass nach dem Gebrauche des brakischen Wassers von Djalo es fast als süss erscheint.

Wir warfen uns frische Wasserlöcher aus, und schlugen so rasch wie wir konnten im Schutze hoher Palmbüsche unsere Zelte auf, denn schon seit einigen Stunden verkündete die blutigroth gefärbte Sonne, dass ein Samumwind nahe sei.

Kaum war dies geschehen, als denn der heisse Staubwind mit einer solchen Heftigkeit zu wehen anfing, wie ich ihn in der Sahara noch nie erlebt hatte. In Einem Augenblicke war die Sonne unseren Blicken entzogen und wir Alle von einem feinen Staube, der heiss die Haut berührte, umflossen. Es war der 17. April Nachmittags, und dieser Gluth-Orkan hielt bis zum 20. incl. ~Seite 72~ an, immer mit gleicher Heftigkeit. Allerdings war die Hitze nicht sehr gross, da überdies die heisse Jahreszeit noch fern war (höchster Wärmepunkt am 19. April Nachmittags 3 Uhr: 33°), auch zeigte das Barometer keinen bedeutend niedrigen Stand, aber dafür war der Feuchtigkeitsgehalt der Luft durch den alles austrocknenden Wind dermassen gering geworden, dass man behaupten konnte, in absolut trockner Luft zu sein. Das Hygrometer fiel am 19. und 20. April Nachmittags auf 2° (unter normalen Verhältnissen hatte es um diese Zeit in dieser Sahararegion circa 25°, am Rande des Meeres 60 bis 70°).

Um uns in dieser Feueratmosphäre zu erhalten, hatten wir bei vollkommener Unthätigkeit das Bedürfniss, circa 12 Liter Wasser innerhalb 24 Stunden zu trinken, der Körper bedurfte also einer wässrigen Zufuhr, welche gleich ist dem gewöhnlichen Blutquantum des Menschen. Ich verstand es nun leicht, wie es möglich sein kann, dass zu F u s s e r e i s e n d e Menschen in der Sahara, während eines solchen Samumwindes, innerhalb eines halben Tages bei Wassermangel verdursten können. Die Trockenheit ist nämlich so gross, dass die ganze Feuchtigkeit des Menschen verdunstet: sie m u s s fortwährend, will der Mensch nicht an Austrocknung sterben, durch Wasserzufuhr ersetzt werden. Die Verdunstung erfolgt nur durch die Haut und unmerklich. Hieraus erklärt sich denn auch, weshalb die t r o c k n e Wüstenhitze für ~Seite 73~ den Menschen weit leichter zu ertragen ist, als feuchte Wärme. Durch das beständige Verdunsten auf der Oberfläche der Haut, unterstützt durch Bewegung der Luft wird Kälte erzeugt, Schweissbildung findet nicht statt. In feuchter Luft findet keine Hautausdünstung statt, man schwitzt unerträglich und man glaubt fortwährend in einem Dampfbade zu sein.

Die Absonderung der Nieren ist bei einem Samum fast ganz aufgehoben, da eben die Thätigkeit der Haut diese gewissermaassen ersetzt. Zum Glück für uns befanden wir uns während dieses schrecklichen Gebli (Wüstenausdruck für Samum) in der Nähe der Wasserlöcher; aber einer der Neger war immer beschäftigt, mit den Händen den hineintreibenden Sand hinauszuwerfen, und Morgens waren die Löcher immer dem Erdboden gleich durch Sand zugetrieben. Die Dürre war am dritten Tage so gross, dass eine Menge Gegenstände von selbst barsten, ein Elfenbein-Doppelglas sprang auseinander, ein Spiegel durch das dahinter liegende Holz gezwungen, sprang entzwei, alle Uhren, sei es nun, dass Staub hineingedrungen war, oder dass die Räderchen sich lockerten, standen still. Die innersten Gemächer der Koffer waren von feinem Staube durchdrungen, und alle Essvorräthe wurden während dieser Zeit so mit Sand und Schmutz untermischt, als ob man sie absichtlich darin herumgezogen hätte.

_{Seite 74}An Reinmachen, Waschen des Körpers oder an Kochen war natürlich während dieser Zeit nicht zu denken. Ich verzichtete ebenfalls darauf, mein Bett oder meine Decken ausstäuben zu lassen, denn kaum war dies geschehen, als unmittelbar nachher Sand und Staub von neuem eindrangen. Wir waren zu vollkommener Unthätigkeit verdammt.

Am 20. April sprang der Wind nach N.-W. um, wehte aber den ganzen Tag über mit gleicher orkanartiger Heftigkeit, erst am Abend sahen wir, nachdem wir drei volle Tage in einer Sandwolke gelebt hatten, den Himmel wieder.

Aber jetzt, wo wir wieder sehen konnten, wurden wir erst eines anderen Unfalls gewahr: mein Reitkameel war entlaufen. Wie es Sitte ist bei einem solchen Samum, hatten wir gleich beim Beginn des Sturmes die Kameele niederknieen gemacht und die Vorderfüsse, um das Aufstehen zu verhindern, durch Stricke zusammengeschnürt. Wahrscheinlich waren diese nicht mehr gut gewesen, das Kameel hatte sie zerrissen und natürlich das Weite gesucht.

Obgleich wenig Hoffnung vorhanden war, das Kameel wieder einzufangen, welches natürlich in der Richtung des Windes gegangen sein musste, so brach am anderen Tage der Führer auf, um in Djalo, Audjila und Leschkerreh Erkundigungen einzuziehen. Da hiermit mehrere Tage hingingen, so wurde Ali, einer der Neger, zurückgeschickt, um noch mehr Datteln und Mehl zu kaufen, und um einen anderen Führer zu miethen, da es sich immer mehr herausstellte, dass der in Bengasi engagirte nicht wegtüchtig sei. Wir hatten von hier an eine der wasserlosesten Wüstenstrecke zu durchziehen, welche wegen der Rhartdünen, wo der Wind den Bergen bald diese Form, bald jene giebt, der tüchtigste Führer nothwendig war. Nachdem ein solcher, der von den Schichs der Oase war empfohlen worden, gefunden, dann alle Haverien ausgebessert waren, traten wir am 25. April unsere Weiterreise an[24].

Wir marschirten am selben Tage nur 3½ Stunde weit in 50° Richtung. Gerade während unseres Aufbruchs traf eine Karawane von der Ammons-Oase ein, welche den fürchterlichen Sturm am Tarfaya-Brunnen überstanden hatte, aber wenig glücklicher als wir, da dieser ein sehr bitteres Wasser hat. Wir lagerten Abends an einer niedrigen Hügelkette Gor Msúan genannt.

Der darauf folgende Tag zeichnete sich durch Nichts aus,

die Richtung blieb dieselbe; aber ein vierstündiger Marsch brachte uns dann mittelst des Fum er Rhart in die eigentliche Dünen-Region. Dieses Sandmeer ist nach _{Seite 76}Süden zu vollkommen unbekannt, nach Norden erstreckt es sich circa einen Tagemarsch weit. Die Sandberge erreichen eine Höhe von 100–150' sind aber nicht ganz ohne alle Vegetation, so hat man namentlich viel Had und Mischab. Ueberall stösst man aber auch hier auf Gerippe von Menschen und Thieren, und namentlich zeigte uns unser neuer Führer, mit dem wir sehr gut zufrieden waren, einen Platz, auf dem 40 Menschengerippe, von vielen anderen Thierknochen untermischt, lagen; eine Karawane, die durch die Unkenntniss unseres eben entlassenen Dieners Hammed, während eines Samum verirrt und verschmachtet war. Er allein, Hammed, hatte die Kraft gehabt von hier Uadi zu erreichen. Auch am 27. April waren wir immer noch mit dem Durchwaten der Rhart-Dünen beschäftigt, die denselben Charakter behielten, manchmal aber eigenthümliche kraterartige Vertiefung zeigten[25)]. Wir lagerten Abends in der Gerdobia und stiessen hier wieder auf eine von der _{Seite 77}Jupiter-Ammons-Oase kommenden Karawane. Diese gab uns nun zuerst die Nachricht, dass man dort von der Ankunft eines Christen unterrichtet sei, die ganze Oase sei in Aufregung gewesen, als von Kairo ein Bote mit einem vicekönigliche Briefe eingetroffen, woraus man ersehen, von Tripolis käme ein Christ, um der Oase einen Besuch abzustatten.

Die Gerdobia ist übrigens durch Nichts von den Rhartdünen unterschieden, nur verlässt man dieselben hier, da der Sand in gleicher Richtung von West nach Ost weiter streicht, wir aber in nordöstlicher Linie ziehend, hier das Ende des Sandmeeres erreicht hatten. So kamen wir denn auch am folgenden Tage nach einem zweistündigen Marsche mittelst des Fum er Rhart schirgi auf die Sserir Gerdoba. Von hier an hatten wir nun immer im Süden von uns den Nordrand der Sanddünen, im Norden aber, sehr weit entfernt von uns, den Südrand des sogenannten libyschen Wüstenplateaus. Die Gerdoba ist eine Tiefebene, die ebenfalls unter dem Spiegel des Meeres, und mit kleinen verwitterten, gebräunten Kalksteinchen überschüttet ist. Sie ist ohne alle Vegetation und hat zahlreiche Zeugen. Diese Ebene zeichnet sich übrigens gleichfalls, wie die eben passirten Rhart-Dünen durch Brunnenlosigkeit aus, und so wie die Sandgegend, ist dieser feste Boden mit Gebeinen von Todten übersäet. So passirten wir am 29. April, wo wir ebenfalls immer östliche Richtung hielten, das Grab der _{Seite 78}7. Modjabra und etwas weiter eine Oertlichkeit, die einen Namen von 70 dort verschmachteten Sklaven hatte.

Nach einem sechstägigen Marsche erreichten wir denn endlich einen Brunnen bir Tarfaya. Aber welch ein Wasser! Der Geschmack desselben war ähnlich, als ob man Glaubersalz und Bittersalz darin aufgelöst hätte, und die Wirkung war eine nicht minder drastische. Aber was war zu thun, nach dem sechstägigen Marsche war unser Wasservorrath vom Uadi auf, und vor der Ammons-Oase war auf kein eigentliches Süsswasser zu rechnen. Wir schlugen also Lager und suchten es uns so bequem wie möglich zu machen. Die Gegend war aber äusserst trostlos, das Plateau zu fern, um irgendwie durch seine steilabfallenden Ufer etwas Abwechslung zu bieten, und selbst die nahen Sanddünen langweiliger anzusehen als sonst in ihrem ewigen Einerlei.

Mein guter Humor war aber bald wieder hergestellt, die Leute hatten noch einen Schlauch entdeckt mit Wasser vom Uadi, und da sie freiwillig auf dasselbe verzichteten, konnten wenigstens ich und mein deutscher Diener noch für einige Zeit schwelgen. Der alte Staui und die übrigen

Diener fanden das Tarfaya-Wasser auch sehr wirksam, nahmen jedoch die Folgen davon mit so fröhlicher Geduld auf, dass sie lachend erklärten, es wäre jetzt viel bequemer für sie sans culottes zu gehen, da sie dann der Mühe überhoben seien, fortwährend ihre Inexpressibles auszuziehen. Fortwährend ohne Uhr, da Seite 79sämmtliche Kinder Nürnbergs beim letzten Sandsturm unwohl geworden waren, konnte ich die genaue Zeit nur nach einer Sonnenuhr bemessen. Eine solche hatte ich aufgestellt und in meinem Zelte auf dem Feldbette liegend, rief ich Bernhard (dem baierischen Gefährten): „Seien Sie so gut und sehen Sie die Zeit ab."—Er kam dann nach einer Weile mit der Uhr in der Hand: „Då schauns selber nåch, å Bieruhr kenn i schon, åber då kenn i mich nit aus." Er war dann ob meines Lachens zuerst so verdutzt, dass er gar nicht verstand, dass eine Sonnenuhr nur während des Sonnenscheines zeigt. So hatten wir auch trotz der vielen Mühen und Entbehrungen, welche die libysche Wüste mehr als jeder andere Theil der Sahara im Gefolge hatte, manche heitere Augenblicke. Eine grosse Annehmlichkeit war die Anwesenheit Bernhards, der, als ein gebildeter, bescheidener Mensch, rasch die Eigenthümlichkeiten und Sitten unserer halb rohen Diener erkannt hatte, und sich mit Leichtigkeit in alle Verhältnisse zu schicken wusste.

Mit dem Brunnen Tarfaya hat die eigentliche Sahara nach Osten und Norden ihr Ende, denn bis zum Orte Siuah, hat man von hier eine ununterbrochene Hattieh und das im Norden sich hinziehende Plateau bietet wenigstens zur Winterzeit guten Weideboden. Unmittelbar im Süden erstrecken sich die Sanddünen, welche nur Fortsetzung der Rhart-Dünen sind. Rechnet man nun den Brunnen Tarfaya als äusserste Grenze der ehemaligen Seite 80Oase des Jupiter-Ammon, so heben sich damit auch alle Widersprüche über Entfernung vom alten Ammonium bis Audjila oder Fesan, und selbst die mancher neueren Reisenden, welche die Grenzen Siuahs auf diese Art unbestimmt gelassen haben. Von Tarfaya an stösst man aber auf menschliche Bauwerke, die sich meistens als Gräber in die steile Felswand des Plateaus hineingearbeitet, kennzeichnen. Es ist also wohl anzunehmen, dass im Alterthume auch diese Partie schon bewohnt war.

Um den Brunnen selbst findet sich nur die Alanda-Staude, die zwar von den Kameelen abgeweidet wird, aber deren sie doch bald überdrüssig werden, wie immer einer Pflanze, wenn sie nur e i n z e l n vorhanden ist. Der Boden selbst ist gypsig und kalkig. Ganz in der Nähe befindet sich ein ausgedehntes Salzlager, Gart el milha genannt, wo ein Sebcha von einer Salzkruste bedeckt ist, welche manchmal 3–4" Dicke hat. Es ist wahrscheinlich von dieser Oertlichkeit, von wo im Alterthume das hochberühmte ammonische Salz gewonnen wurde, welches die Priester des Ammon-Tempels als besonders weiss und gut hochstehenden Persönlichkeiten zum Geschenke machten, und womit sie nebenbei Handel trieben.

Verfolgt man nun weiter die Oase nach Osten[26], so Seite 81 kommt man unmittelbar darauf in reichere Vegetation: Domrahn, Had, Alanda und später einzelne Palmbüsche. Ebenso wird die Gegend reicher an Fossilien, Seesterne, Pectineen, Ostreen bedecken manchmal den Boden so dicht, als ob man sie absichtlich hergeschüttet hätte. Der Boden ist sehr abwechselnd, Sand, Sebcha, Kalk, Kies wechselt mit einander, aber überall ist Vegetation. Man erreicht dann die Oase Faradga, d.h. einen circa 4 Stunden langen, ½ Stunde breiten See, der südlich vom Plateau liegt. An und in diesem Plateau hat Sidi Snussi seine berühmte Sauya gegründet, die den Namen Sarabub erhalten hat. Heutzutage residirt als Chef dieser religiösen Brüderschaft sein ältester Sohn, Sidi el

Mahdi in Sarabub. Ich habe früher an anderer Stelle Gelegenheit gehabt, über die Bedeutung dieses Ordens zu sprechen, und brannte natürlich vor Begier den Chef selbst und namentlich das Kloster, von dem wir, am Südende der Oase, an einer Oertlichkeit Namens Hoëssa lagernd, nur circa 2 Stunden entfernt waren, kennen zu lernen. Höchst wahrscheinlich hat Sidi Snussi zu seinem ersten Wohnsitze alte Katakomben gewählt, wo ihm die geheimen unterirdischen Gänge zu seinen Betrügereien gut zu Statten kamen. Wunder, wie man sie zur Zeit Seite 82Jesu Christi erzählte, passiren hier denn auch noch alle Tage, und werden mit derselben Leichtgläubigkeit, und mit derselben Vergrösserung von den heutigen Bewohnern colportirt. So lassen Sidi el Mahdi und vordem sein Vater das Essen für die zahlreichen Verehrer und Pilger vom Himmel herabsteigen, und obschon sich in der Umgegend von Sarabub keine Aecker und Felder befinden, sind die Speicher und Vorrathskammern immerwährend gefüllt. So trinkt Sidi el Mahdi das schönste Süsswasser, obwohl der Faradga-See vor der Thür der Sauya gelegen, vollkommen untrinkbares Wasser hat. Blinde, Lahme werden täglich geheilt, ja nach den Aussagen der frommen Verehrer Snussis sollen auch zahlreiche ehemalige Christen, jetzt durchs allmächtige Gebet des Snussi zum Islam bekehrt, sich in der Sauya aufhalten.

Ich war höchst traurig, dass mein Führer, der selbst zum Orden der Snussi gehörte, sich weigerte mich zu begleiten, und allein, ich gestehe es offen, wagte ich in dies Wespennest von semitischer Unduldsamkeit nicht einzudringen. So lagerten wir traurig beim Sebcha Hoëssa, freilich im Schatten von hohen Palmbüschen, aber die Wasserlöcher, die wir gruben, gaben zwar bei 1½' ein reichliches klares Wasser, aber so bitter, dass wir es kaum zum Kochen unseres Abendessens benutzen konnten. Wie anders, dachte ich dann, unter den Palmen liegend, war es einst hier, wo die Gesittung der Aegypter, Seite 83 der Griechen und Römer herrschte. Wo man Religionskriege nicht kannte, und anders Denkende höchstens mit dem Namen „Barbaren" belegte. Zu meiner Beschämung musste ich dann aber gestehen, dass von den drei semitischen Religionen, die durch ihre Unduldsamkeit, durch ihren Glaubenseifer soviel Unheil und soviel Blutvergiessen über die Menschheit gebracht haben, ich meine das Judenthum, Christenthum und der Mohamedanismus, gerade das Christenthum sich am meisten durch Fanatismus und Hass gegen anders Denkende ausgezeichnet hat. Wer vermöchte alle die Opfer zu zählen, welche die christliche Liebe zur Ehre Gottes bei Katholiken und Protestanten schon gefordert hat, und wenn heutzutage auch nicht mehr gefoltert, verbrannt und gesiedet wird, wer zählt die moralischen Opfer, welche unsere Religion der Liebe und Duldsamkeit noch täglich fordert.

Ich stand also ab nach Sarabub zu pilgern, aber wie leid that es mir, als ich später von den Freunden Sidi el Mahdi's in Siuah erfuhr, er würde es hoch aufgenommen haben, falls ich zu ihm gekommen wäre, auf alle Fälle würde ich nichts zu fürchten gehabt haben. Es scheint also fast, dass der Fanatismus der Snussi abgenommen hat, wie denn auch die Chuan Snussis in der Ammons-Oase mich recht freundlich aufnahmen.

Man hat nun weiterreisend[27)], eine Reihe von Seen Seite 84 zur Seite, die sich alle durch ihr tiefblaues Wasser, welches äusserst salzig ist, auszeichnen. Der bedeutendste davon ist der el Araschieh mit einer Insel in der Mitte. Da nirgends Boote vorhanden sind, überdies der den See umgebende Boden Sebchabildung hat, so hat Niemand bis jetzt diese kleine Felsinsel erreichen können. Dafür ist sie natürlich für die Bewohner Siuahs der Aufenthaltsort von Djenun (Geistern), die hier eins der Schwerter Mohammeds bewachen. Bei Gaigab stösst man auf die ersten Palmenwälder, deren Früchte von den Bewohnern Siuahs geerntet werden. Die Gegend wird nun immer reicher und die überall in den Felswänden sich befindenden Gräber zeugen von der ehemaligen starken Bevölkerung.

Von Gaigab geht der Weg nun ganz nach Süd-Süd-Ost um, man passirt zahlreiche Engpässe und erreicht dann den Schiata-See. Alle diese Seen sind ohne Fische, weil das Wasser zu salzig ist, aber entbehren doch nicht jeden Lebens. Eigenthümlich ist, dass die oft ins Wasser langenden hohen Sanddünen nicht vermocht haben, sie mit Sand zu überschütten, und gewiss ein guter Beweis, dass der Canal von Suez nichts von Versandung zu fürchten hat, denn wie gering ist die Sandanhäufung längs des Canals im Vergleich zu den hohen Dünen der libyschen Wüste. In dem Tamariskengebüsch, im Schilfe des Sees waren zahlreiche fast Seite 85 zahme Vögelchen, auch sahen wir hier die ersten Schwalben.

Die Gegend behielt denselben Charakter bis Maragi, wo wir auf die ersten menschlichen Wohnungen und Gärten stiessen. Beim Maragi-See ist auch eine Filiale der Snussi und eine sehr gute Süsswasserquelle, von der wir aber als anders Gläubige am Abend, wo wir dort campirten, nicht profitiren durften.

Am 6. Mai, dem letzten Tage unserer Reise zur Oase des Jupiter-Ammon, brachen wir früh um 6 Uhr auf, wir hatten im Ganzen nur noch 6 Stunden. Zahlreiche Leute, beladene Esel kamen uns entgegen, und als wir von weitem den grünen Palmwald erblickten, wurde Halt gemacht.

Die Jupiter Ammons-Oase.

So waren wir denn in der eigentlichen Oase angekommen, und lagerten bei den hohen Trümmern der Burg Masra[28]; der vierstündige Marsch hatte Menschen und Thiere so ermattet, dass diese, welche überdies in den letzten Tagen guten Weideboden gehabt hatten, sich _{Seite 86}ruhig zwischen die Agolbüsche[29] legten, die Diener aber alle im Schatten des Thurmes schliefen. Doch war die Hitze so gross, dass Alle von Schweiss trieften, und die nackten Neger wie lackirt aussahen. Ich selbst hatte mein Zelt derart schlagen lassen, dass es nur Schatten warf, der Luftzug aber überall frei unten durchstreichen konnte. Obgleich wir vom Hauptorte Siuah nur noch einige Stunden entfernt waren, und es hoch aus den Palmen östlich von uns emporragen sahen, hatte ich es doch für nöthig gefunden, hier um 10 Uhr zu lagern, da das Thermometer um jene Zeit schon 30 Grad angab: wir mussten gielen, wie die Araber sagen, d.h. die heisse Zeit vorüber gehen lassen.

Aber immer noch unsicher, wie man mich im Hauptorte aufnehmen würde, schickte ich den alten Staui gleich weiter, und diensteifrig wie er jederzeit war, machte er sich auch gleich auf den Weg. Er hatte den Auftrag meine Ankunft anzuzeigen, Einkäufe zu machen und um Quartier zu bitten. Mit seiner Doppelflinte auf dem Rücken, sonst pflegte er sie nie zu tragen aus Bequemlichkeit, die Schuhe in der Hand, um sie nicht abzunutzen, ging er von dannen, und versprach dicht vor Siuah der Karawane entgegen zu kommen. Der Führer deutete ihm noch genau den Weg an, was sehr nothwendig war, da Staui bei Tag nur halb, bei

Nacht aber fast gar nichts sah; er wollte dies zwar nie zugeben, Seite 87aber es war so auffällig, dass er es manchmal eingestehen musste, er meinte dann zwar immer, es sei ausnahmsweise auffallend dunkel.

Man hatte von diesem Punkte eine umfassende Aussicht, gerade östlich von uns waren die merkwürdigen Berge Amelal und Djari, mit steilen senkrecht aufsteigenden Wänden, weiterhin etwas zu Süden Siuah und in der Ferne Agermi, ganz im Süden Agolweiden, welche allmählich mit Sebcha[30] und Dünen verschwammen, und im Westen war endlose Wüste. Von dem Berge Amelal, der eine Stunde von unserem Lagerplatze entfernt zu sein schien, thürmten sich Dünen auf, sie schienen bis an seinen Fuss zu gehen. Da sie hoch waren, beschloss ich sie zu ersteigen, denn die Hitze war im Zelte trotz des Luftzuges so unerträglich geworden, dass es kaum in der Sonne schlimmer sein konnte.

Gedacht, gethan! Ich rief meinem Landsmann, das Zelt zu hüten und zu wachen, und ging gerade auf die Dünen los, von denen eine etwa eine Viertelstunde breite Agolweide mich trennte. So rasch als es die Hitze erlaubte, zog ich von dannen, hatte bald den Sand erreicht, und war nach einigen Minuten oben. Aber welch überraschender Anblick bot sich mir: zu meinen Füssen fielen die Dünen, die nur einen schmalen Kamm bildeten, fast steil ab, und die lieblichsten Gärten, das saftigste Grün lag wie ein kleines Paradies vor mir. Nicht etwa Seite 88Palmen, von diesen war hier keine einzige vorhanden, meist waren es Oelbäume, aber von solch wundervoll frischem Grün, dass ich sie Anfangs für Myrten hielt. Murmelnde Bäche zogen sich zwischen den Gärten hindurch, freilich nicht breit und schnellfliessend, aber überall hin Segen spendend, und kräftig genug, um auch im Hochsommer Alles frisch und ewig jung zu erhalten. Die Gärten der Glückseligen! dachte ich, und vollkommen konnte ich mir das Entzücken der Krieger Macedoniens mitdenken, als Alexander sie nach dem beschwerlichen Wüstenmarsch zu diesen reizenden Gefilden führte. In Nordwest verloren sich die Gärten in Agolweiden, im Osten waren Sebcha, dahinter Palmen, ebenso im Südwesten. Am Fusse des Amelal war eine mit Salz bedeckte Sebcha, wie eine Insel schien dieser merkwürdige Berg daraus hervorzuragen.

Ich war unentschlossen, was ich thun sollte, nur von einem Diener begleitet, der meine Doppelflinte trug, hatte ich ausserdem nur einen Revolver bei mir, und konnte natürlich nicht wissen, wie mich die Besitzer der Gärten, welche meiner Meinung nach zu Siuah gehören mussten, empfangen würden. Aber altes Gemäuer, welches ich inmitten der Gärten aus dem Gebüsch hervorlugen sah, entschied; ich ging rasch hinab, und köstlich balsamische Lüfte, kühlender Schatten unter grossblättrigen Feigenbäumen, waren mein erster Lohn. Ueber Gräben hinwegsetzend, in denen reichlich klares Wasser Seite 89rieselte, durch üppige Klee- und Kornfelder, alle natürlich im Schatten der dichtlaubigen Feigen, Apricosen, Granaten und Oliven, dahineilend, waren wir bald in der Nähe der Ruinen. Hier lag unter einem Gerüste, welches zum Trocknen von Früchten diente, und nur aus vier Pfählen und einem Strohdache bestand, im kühlen Schatten ein Mann, offenbar der Besitzer des Gartens und der Ruine. „Allah iaunik, Gott helfe Dir," rief ich ihm zu, absichtlich vermeidend ihm ein Ssalam zu geben, da fanatische Mohammedaner von Christen nicht gerne ein Ssalam entgegen nehmen. Diese Vorsicht wäre indess nicht nöthig gewesen. Mit einem „Allah slemtik, grüss Dich Gott," war er auf den Beinen, und nachdem die hergebrachten Begrüssungen nun endlich vorüber waren, und wir uns gegenseitig wenigstens zehnmal versichert hatten, dass wir

Gottlob beide gesund wären, sagte er: „also Du bist der Christ oder dessen Diener, den wir erwarten." Letzteres sollte offenbar eine Anspielung auf meine Tracht sein, die allerdings sehr einfach war: leinene Hosen, Hemd, Hut und Stiefeln. Und nach seinen und aller Leute in Siuah Begriffen, musste der Christ, welcher ihnen durch Ismael Pascha so dringend war empfohlen worden, ein furchtbar mächtiger und reicher Christ sein, also schöne Kleider, schöne Zelte, schöne Pferde und viele Diener haben. Als ich ihm sagte, ich sei es allerdings, schien er etwas enttäuscht zu sein. Ich sagte ihm dann, dass mein Zelt, mein Diener und Seite 90Kameele hinter den Dünen wären, und als auf seine fernere Frage, ob die Kameele mein Eigenthum wären, dies bejaht wurde, schien ich wieder in seiner Achtung zu steigen.

„Nun sei willkommen," sagte er, „und trinke zuerst von unserem gesegneten Wasser." Er holte dann selbst aus einem antiken Stein eine Kumme mit Wasser, setzte sie an seinen Mund, und nachdem er getrunken, reichte er sie mir. Das war ein köstlicher Trunk, süss und kalt. „Omar," rief er dann, „bring Datteln von den gequetschten!" Gleich darauf kam ein kleiner kränklich aussehender Knabe, sein Sohn, mit einem Strohteller voll Datteln. Obgleich ich erst gefrühstückt hatte, musste ich doch, so wollte es die Sitte, einige Mundvoll Datteiteig essen; mein Neger Bu Bekr langte desto besser zu. Erst nachdem ich gegessen, fing er dann an zu fragen: wo ich herkomme, was ich wolle, warum ich hier in den Garten gekommen, warum der Vicekönig meinetwillen nach Siuah geschrieben habe etc. Nachdem ich seine übrigens ganz natürliche Neugier befriedigt hatte, dachte auch ich Recht zum Fragen zu haben, und erfuhr nun zuerst, dass ich hier im Ort Chamisa sei, dass sie Siuahner seien, aber ausser Abstammung und Sprache nichts mit ihnen zu thun haben, dass noch sieben andere Familien in Chamisa wohnten, und sie in allem mit

Sklaven 43 Männer zählen, mit Frauen, Sklavinnen und Kindern aber etwa 100 Bewohner ausmachten.

Seite 91 Ich erfuhr nun jetzt erst, dass der Ort, wo wir lagerten, Masra heisse (mein Führer, der des Weges kundig war, wusste in der Oase selbst gar nicht Bescheid, und hatte die Ruine zuerst Bled el Rum, dann Amudeïn genannt), und nun fragte ich nach dem unter dem Namen Bled el Rum[31)] bekannten dorischen Tempel, dessen bei Browne, Hornemann, Caillaud, Hammilton u.a. gedacht wird. Sehr freundlich erbot er sich, mich selbst nach den Ruinen Bled el Rum hinzuführen. In nordwestlicher Richtung durch die Gärten fortgehend, und überall auch von den anderen Grundherren freundlich aufgenommen, rief er ihnen nur im Vorbeigehen zu: „Das ist er, er ist endlich gekommen," und schien ordentlich stolz zu sein mir als Führer zu dienen. „Wir erwarteten Dich alle Tage," fügte er hinzu, „aber ich konnte nicht denken, dass Du unseren Ort zuerst besuchen würdest." Auf meine Frage, ob die Siuahner mich gut empfangen würden, sagte er: „wenn sie wüssten, Du wärest hier, würden sie schon herausgekommen sein, um Dich zu holen, denn unser Herr (Sidina oder Effendina, diesen Titel gaben die Eingebornen dem Vicekönig Seite 92 von Aegypten) hat ihnen mit einer Extra-Abgabe gedroht, wenn Dir das Geringste in ihrem Gebiete zustosse." Nun glaubte ich in dieser Beziehung ganz ruhig sein zu können, denn der Mann hatte ja kein Interesse mich zu täuschen. Wir hatten bald das Ende der Gärten erreicht, deren Vegetation überall gleich üppig war, und nach einer kleinen Stunde zwischen Agolkraut und dann Sebcha, sahen wir am Fusse des Gebirges Bled el Rum vor uns. Dies waren die Reste wirklich, welche zuerst von Browne unter dem Namen eines dorischen Tempels bekannt wurden, und von allen anderen Reisenden ebenso beschrieben worden sind. Nur St. John macht hiervon eine Ausnahme, und sagt: die Ruine von

Bled el Rum ist eine Nachahmung des Tempels von Umma beida; damit hält er es doch wohl offenbar für ein ägyptisches Bauwerk, was es auch in der That ist. Denn es ist wohl kaum anzunehmen, dass in der Jupiter Ammonsoase die Griechen zu einer so frühen Zeit gewesen sind, wo bei ihnen der Tempelbau gänzlich ohne Säulen geschah, jedenfalls würde man den Pronaos wohl mit zwei Säulen geschmückt haben. Hier aber ist das nicht der Fall. Nicht nur, dass überhaupt der ganze Tempel massenhafte Mauern fasst, ist er unverhältnissmässig lang, zeigt eine andere Abtheilung mit grossem Eingang und zwei seitlichen Fenstern (diesen Theil kann man als Pronaos bezeichnen), dann eine hintere lange Kammer durch eine Wand mit Thür von der vordern getrennt. Seite 93Der ganze hintere Theil aber, die Cella ist zerstört bis auf den ersten an den Pronaos stossenden Theil. Das ganze Gebäude ist über 60' auf 15', wie man aus den Umrissen erkennen kann. Hammilton, der drei Abtheilungen erkannt haben will, und auch die äusseren Mauern als rein dorisch angiebt, hat andere Zahlenverhältnisse; worauf er dieselben basirt, konnte ich nicht herausfinden. Nur die Höhe von 18' und einigen Zollen, und die Breite der deckenden Steine am Eingange des inneren Zimmers, von einer Wand zur anderen, wie die in Umma beida, stimmen mit den meinigen. Von diesen colossalen Decksteinen, welche das glatte Dach des Tempels bildeten, liegen nur noch zwei. Es unterliegt nach dieser Beschreibung also wohl keinem Zweifel, dass der Tempel Bled el Rum ägyptischer Herkunft ist. Hieroglyphen oder sonstige Inschriften waren nirgends zu entdecken, sollen auch, wie mein Begleiter mir sagte, nie dort gefunden worden sein.

Nachdem wir eine Zeit lang im Schatten der Deckquadern gerastet hatten, traten wir den Rückweg an, ohne von den zahlreichen Katakomben, welche in den Felswänden sich befinden, eine zu besichtigen. Dieselben sind ohne Verzierungen und ganz leer. Unser Weg ging wieder zu den Gärten, brachte uns diesmal zur Hauptquelle, welche inmitten der Gärten von Chamisa liegt, und sprudelnd aus der Erde wie alle die andern auch, hervor fliesst. Von einem runden aus Quadern _{Seite 94}aufgeführten Gemäuer umgeben, hat sie fünf gleich starke Abflüsse, um nach verschiedenen Richtungen hin die Gärten zu durchwässern. Dem Geschmacke nach war das Wasser vollkommen süss, und hatte wahrscheinlich, ich hatte leider kein Thermometer bei mir, dieselbe Temperatur wie die andern Quellen. Früher müssen die Gärten bedeutend umfangreicher gewesen sein, wahrscheinlich waren die umgebenden Agolfelder und die Sebcha bis Bled el Rum alle Gartenland. Aber ohne Frage ist dies der fruchtbarste Theil der ganzen Oase, nur hier gedeihen Orangen und Limonen, in langen Guirlanden rankt der Wein von Baum zu Baum wie in Norditalien, Oliven, Feigenbäume, Granatbüsche, Quitten und Aepfel (diese kleiner und verkrüppelter Art), Pfirsiche, Aprikosen, Pflaumen und Mandelbäume bilden ein ununterbrochenes Laubdickicht.

Wir waren bald bei der Behausung meines Mannes wieder angekommen, und ich bat nun mir seine Wohnung zu zeigen, was er auch mit Bereitwilligkeit that; aber der grosse längliche Bau, dessen Mauern noch circa 6 Fuss hoch aus der Erde ragten, aus regelmässig behauenen Steinen aufgeführt, bot im Innern nichts als eine bequeme Benutzung der Räumlichkeit, welche durch andere Thonwände und Laubscheiden in Zimmer, Höfe und Stallung für Vieh eingerichtet waren. Der Eingang schien auf der langen Seite gewesen zu sein, welche gegen Süden gerichtet war, denn hier fand man sie in _{Seite 95}der Mitte durchbrochen, alle andern Seiten zeigten keine Spur eines Einganges, sondern das ursprüngliche Gemäuer. Es ist wohl kaum anzunehmen, dass ein derartiges Gebäude eine Privatwohnung war, aber auch ein Tempel dürfte es schwerlich gewesen sein, vielmehr ein anderes öffentliches Gebäude oder ein Schutzwerk dieser vorgeschobenen Gärten.

Da ich gar nichts bei mir hatte, was ich dem guten Manne, der mich so freundlich geführt hatte, hätte bieten können, so forderte ich ihn auf, uns zu unsern Zelten zu begleiten, was er auch bereitwilligst that. Mein Führer aber war bei unserer Rückkehr gar nicht zufrieden, dass ich ohne ihn nach Chamisa gegangen war, wie er auch früher schon nicht wollte, dass Staui vorausgeschickt wurde, sondern selbst gern Bote gewesen wäre. Er glaubte, mich als ein willenloses Werkzeug in seiner Hand zu haben, wollte den Beschützer herausbeissen, und das um so mehr, je mehr wir uns dem gefürchteten Orte näherten. Unterwegs hatte ich mich allen seinen Anordnungen gefügt, aber ihm jetzt gezeigt, dass er weiter nichts als Wegweiser sei, und ich seiner Rathschläge und seiner Vermittelung mit den Eingebornen nicht bedürfe. Reichlich beschenkt, half unser neuer Freund aus Chamisa unsere Kameele laden, und um 4 Uhr Nachmittags, als es schon anfing kühler zu werden, nahmen wir Abschied von ihm und setzten uns in Bewegung.

Seite 96 Der Weg führte abwechselnd durch Grasbüschel, Agolkraut und Sebcha, und südöstliche Richtung haltend, hatten wir links einen glänzenden Salzspiegel. Nach einer Stunde ging dieser in ein offenes Wasserbecken über, von zahlreichen Enten und Gänsen belebt, und wir selbst befanden uns jetzt zwischen niedrigem Palmgebüsch, aus dem allmählich hohe und schlanke Palmen wurden, und bald sahen wir uns auf gleicher Höhe mit den Gärten. Wir hatten im Ganzen nur zwei Stunden bis Siuah, von denen die erste Stunde in S.-O., die letzte in O.-N. zu machen. Als wir uns aber der Stadt so weit genähert hatten, dass wir unter den Wällen die Leute mit blossem Auge erkennen konnten, liess ich halten. Es kam mir verdächtig vor, dass Staui, der einen vierstündigen Vorsprung hatte, nicht zurückgekehrt war, um uns einzuholen. Wir befanden uns in einer sandigen Ebene, wo hie und da hohe Palmen, hie und da Palmbüsche standen; da wo wir hielten, konnten wir den ganzen Ort sehen und gesehen werden. Als aber nach abermaligen 10 Minuten Niemand aus dem Orte kam, gingen wir etwas seitwärts zu einer Gruppe hübscher Bäume, liessen die Kameele knieen, abladen und schlugen Zelte. Und nachdem dies geschehen war, hiess ich den Führer in die Stadt gehen, um die Ursache zu erfragen, warum Staui nicht zurückgekommen sei.

Leute, welche von aussen kamen und zur Stadt gingen, andere die nach der Bearbeitung der Gärten _{Seite 97}herauskamen, gingen bei uns vorüber, ohne irgend etwas zu sagen. All dies kam mir so sonderbar vor, dass ich schon zu fürchten anfing, die fanatische Partei hätte vielleicht die Oberhand bekommen und es durchgesetzt, mir den Aufenthalt in Siuah zu verbieten, wie das wiederholt mit früheren Reisenden der Fall gewesen war. Es dunkelte schon als der Führer zurückkam; mit Angst und Zagen war er hingegangen, freudestrahlenden Antlitzes kam er zurück: der Gatroner und er seien sehr gut empfangen worden, sagte er, und ersterer sei schon längst aus der Stadt zurückgekehrt, müsse sich aber wohl seiner Halbblindheit wegen verlaufen haben, die Schichs, fügte er hinzu, würden es gerne sehen, wenn Du noch diesen Abend zur Stadt kämest. Das ging nun freilich nicht mehr, es war zu dunkel, um zu packen, überdies war es 8 Uhr Abends geworden.

Ich lag schon auf meinem Feldbette und wollte gerade das Licht auslöschen, da es 10 Uhr Abends geworden war, als ich Pferdegetrappel hörte und lautes Rufen von Menschen. Aufspringen und mit dem Revolver aus dem Zelte stürzen, war eins, aber im selben Augenblicke kam auch schon der Führer auf mich zugelaufen und rief: „Alle Schichs kommen, um Dich zu begrüssen." Gleich darauf waren sie denn auch vor den Zelten und drängten sich am Eingange des meinigen zusammen. Dasselbe konnte höchstens drei Personen fassen, weil Bett und Kisten fast den ganzen Raum _{Seite 98}einnahmen. Ein junger Schich, kaum 18 Jahre alt, kam zuerst herein und nahm unaufgefordert Platz (ich merkte daraus gleich, dass er einer der vornehmsten Persönlichkeiten von Siuah sein musste), zwei andere ältere folgten und setzten sich ihm gegenüber, während die andern sich vors Zelt hockten, wohin Teppiche gelegt waren. Die drei im Zelte befindlichen Schichs waren reich gekleidet mit Kahiriner Stoffen, namentlich hatte der junge Schich Hammed die neuesten Seidenstoffe mit echter Goldverzierung an. Nachdem wie gewöhnlich die Ssalamat und Begrüssungen recht lange gedauert hatten, riefen alle ein Willkommen; dann zog Schich Hammed einen Brief aus den Falten seines Turbans und ihn mir reichend, sagte er: „Mein Bruder Omar (dies ist gegenwärtig der mächtigste der Schichs von Siuah, und auch der am besten in Kairo angeschriebene), erster Schich der Lifaya, hat, nachdem er lange auf Dich gewartet hat, abreisen müssen, nun hat er diesen Brief für Dich zurückgelassen und mir befohlen (bei den Mohammedanern gehorcht, sobald der Vater todt ist, der jüngere dem älteren Bruder) Dir Gastfreundschaft zu erzeigen. Ich habe nicht bis morgen warten wollen, und als die andern Schichs erfuhren, ich sei aufgebrochen, Dich zu begrüssen, wurden sie eifersüchtig und sind mitgekommen, wenn sie aber nichts gemerkt hätten, wären sie sicher nicht gekommen." Ein grosser Lärm entstand, die andern riefen „Lügner, wir wollten den Christen zuerst Seite 99besuchen, und Du hast Dich uns angeschlossen." Im Augenblick sah ich, dass die alte Feindschaft zwischen Lifaya und Rharbyin noch immer existire. Ich beschwichtigte rasch, indem ich dankte und sagte, Alle wären mir gleich willkommen; „Gott allein sieht in Eure Herzen," fügte ich hinzu, „und nur Er weiss, wessen Herz weiss oder schwarz ist." Ich hatte glücklich so die Rivalität gedämpft, obgleich sich die Rharbyin gedemüthigt fühlten, als nun Schich Hammeds Diener ein fettes Schaf, einen grossen Korb voll Reis, einen Sack mit Datteln und Zwiebeln hereinbrachte, und hinzufügte, dies sei sein und seines Bruders Gastgabe. Ich dankte für die Aufmerksamkeit, und suchte dann eine allgemeine Unterhaltung in Gang zu bringen. Die Schichs fingen an sich zu entschuldigen wegen ihres Benehmens gegen Hamilton, und versuchten namentlich, und auch wohl nicht mit Unrecht, alle Schuld auf die Lifaya zu schieben. Hammed sagte dann vor Zorn erröthend: „Die Zeiten sind heut anders, wir haben den Vapor (Eisenbahn) und Eisendraht (Ssilk, so bezeichnet man den Telegraph) in Aegypten kennen gelernt. Wenn vor 10 Jahren unsere Väter in Aegypten das gesehen hätten, was wir jetzt sehen, so wäre alles das nicht vorgefallen, aber ma scha Allah kan, was Gott will geschieht," schloss er mit des Propheten Worten.

Endlich sagte ich der Versammlung (man hatte schon Kaffee genommen und sass wenigstens eine Stunde), ich sei müde und wünsche zu schlafen. Die Schichs erhoben sich nun auch sogleich, sagten aber, sie würden draussen bei meinem Zelte schlafen, denn sie seien für mich verantwortlich, deshalb hätten sie auch gleich ihre Teppiche mitgebracht. Ich sah jetzt erst, dass jeder einen Teppich bei sich hatte. Auf mein Erwiedern, dass ich dies nicht leiden würde, sondern vollkommen auf den guten Sinn der Siuahner vertraue, wollten sie nicht hören, erst auf meine Erklärung, dass, falls sie zu bleiben bestünden, ich aufpacken und meinen Lagerplatz weiter zurück verlegen würde, zogen sie von dannen, mit dem Versprechen, mich am folgenden Morgen feierlichst einzuholen.

Und so kam es denn auch; am andern Morgen ganz früh waren Alle wieder da und noch viele Neugierige mit ihnen. Nach schnellem Packen ging es dann vorwärts nach Siuah, zwei Schichs voraus zu Pferde (in der ganzen Oase sind nur 4 oder 5 Pferde), dann ich und mein bayerischer Diener je zu Kameel, endlich die andern Kameele mit siuahnischen Eseln von ihren Eigenthümern geritten und Fussleute, und gewiss alle Kinder des Ortes. Auch der alte Staui hatte sich Morgens wieder eingefunden, in seiner Blindheit war er im Dunkeln vom Wege gekommen, und der arme Teufel hatte die ganze Nacht ohne Nahrung am Fusse einer Palme zubringen müssen, bis in der Früh ihm Siuahner den Weg zu unserm Lagerplatz zeigten. Natürlich wurde viel Pulver verbrannt, und meine Diener machten mit _{Seite 101}ihren Doppelflinten und Revolvern auch nicht wenig Lärm. So gings zwischen den beiden Anhöhen durch, von denen die eine terrassenförmig bis oben mit Häusern bebaut ist und den Lifaya gehört, indessen die andere, dicht westsüdwestlich von diesem gelegen und am Fusse bebaut, von den Rharbyin bewohnt ist. Dann nach Norden biegend, erreichten wir das Kasr oder Schloss, welches die Wohnung des Mudir, Rathhaus und Gefängniss für ganz Siuah ist. Hier wurden wir einquartiert, und da der Mudir gerade in Alexandrien war, uns die ganze obere Etage, welche gute und luftige Zimmer hatte, zur Verfügung gestellt. Während wir noch mit unserer Einrichtung beschäftigt waren, kam denn auch der Kahdi, aber ich merkte, dass sein Besuch ein vollkommen erzwungener war, jedenfalls nicht aus freiem Antriebe erfolgte, ich kürzte denselben denn auch so rasch wie möglich ab, froh endlich einige Augenblicke Ruhe zu haben.

Also war ich da in dieser hochberühmten Oase, welche zu sehen ich mich schon lange gesehnt hatte, diesen geheimnissvollen Fleck, der die Ursache so vieler Opfer gewesen war, welcher so reiche geschichtliche Erinnerungen wach rief. Noch vor 6 Monaten in der Hauptstadt der Intelligenz unserer Zeit, befand ich mich jetzt an dem Orte, wo vor mehr als 2000 Jahren die damals bekannte Welt sich Raths erholte, an der Stelle, wo der grösste Krieger seiner Zeit sich „Sohn des Zeus" _{Seite 102}anreden hörte! Oft glaubte ich zu träumen, aber ein Blick aus meinem Fenster auf die unzähligen Katakomben sagte mir dann, Alles ist Wahrheit, Du bist wirklich an der heiligen Stätte des Jupiter Ammon. Da vor Dir sind die stummen Zeugen, welche die Reste derer beherbergten, auf deren Worte Könige und Völker lauschten, während jetzt ihre Knochen, von rohen Barbaren umhergeschleudert, in der Sonne bleichen, und langsam durch den ewigen Kreislauf aller Dinge sich auflösen, um in die ewige Natur zurückzukehren.

Die Gründung des ammonischen Orakels geht bis in die vorgeschichtliche Zeit zurück, die ältesten Nachrichten darüber finden wir bei Herodot. Diodor und Curtius geben uns eine ausführliche Beschreibung der schon bestehenden Oertlichkeiten, und in der neuesten Zeit finden wir in O. Parthey's trefflicher Abhandlung über die Jupiter Ammons-Oase Alles erschöpfend niedergelegt, was Ursprung, Bedeutung, Geschichte des Orakels und des ehemals und jetzt dort lebenden Volkes anbetrifft. Demnach steht es nun unzweifelhaft fest, dass sowohl die Stadt Ammon[32], als auch die Ruinen des Orakels ägyptischen Ursprungs sind. Wie früh überhaupt der Ruf des Orakels verbreitet war, geht daraus hervor, dass Krösus von Lydien sich dort Raths erholte, Cambyses wollte das Königreich der Ammonier zerstören, aber sein ganzes Heer wurde durch Wassermangel Seite 103und heisse Landstürme aufgerieben. Erst durch den berühmten Zug Alexanders wurde die Lage des Orakelortes und die örtliche Gestaltung desselben ans Tageslicht gezogen, denn selbst Herodot weiss über die Lage noch nichts Bestimmtes anzugeben.

Wir wissen schon von den Alten, und durch die neuesten Reisenden ist dies bestätigt, dass es in der Oase zwei Tempel des Jupiters Ammon gab, von denen der eine grössere unmittelbar neben der Akropolis selbst stand, der andere kleine nicht fern von jenem neben dem Sonnenquell in einem Palmhaine gelegen sein soll. Obgleich nun schon Minutoli die äussere Mauer des grossen Tempels in Agermi bemerkt hatte, sie aber, weil er nicht ins Innere dringen konnte, für blosses Mauerwerk hielt, namentlich Hirt darauf aufmerksam machte, dass Umma beida nur der kleine Ammonstempel sein könne (dagegen fälschlich den grossen nach Siuah hin verlegt haben wollte), so hielten doch alle neuern Reisenden von Browne bis auf St. John den Umma beida-Tempel für den grossen. Erst Hamilton machte zuerst die wichtige Entdeckung des grossen Tempels in Agermi, der alten Akropolis, indem es ihm gelang, in das Innere selbst hineinzudringen. Hamilton hält nun zwar das Gebäude selbst für die Akropolis, allein schon aus seiner eigenen Beschreibung geht hervor, dass wir es mit einem Tempel zu thun haben. Nach ihm der erste Europäer, der Siuah wieder besuchte, kann ich, was derselbe über Seite 104die Grossartigkeit dieser Baulichkeit sagte, nur bestätigen, und glücklicher wie er, konnte ich wenigstens die Copien von einigen Hieroglyphen mit heim bringen. Schmutz, Rauch, Dunkelheit des ganzen Raumes, und namentlich die Durchbauung des ganzen Tempels mit Häusern verdeckten zwar die Hauptsache, oft war auch sogar eine Colonne absichtlich zerstört, indem man die erhabenen Hieroglyphen abgehauen oder die Bilder verkalkt hatte, indess konnte unser berühmter Aegyptolog Brugsch aus den ihm vorgelegten Abzeichnungen erkennen, „dass die Texte in altägyptischer Schrift abgefasst sind, dass sie sich auf eine Reihe männlicher Gottheiten beziehen, die, nach den erhaltenen Kronen zu urtheilen, Ammon und den widderköpfigen Harschaf, den Arsaphes der Griechen, darstellten, dass endlich die Texte Reden jener Gottheiten enthalten, die sich an einen Gott wenden, welcher Ur-testu, das ist Grosser der Völker, genannt wird. Dies Epitheton beweist, dass der König ein nicht einheimischer war, sondern einer fremden Dynastie angehören musste." Der Name der Oertlichkeit scheint leider nicht genannt, wenigstens war Brugsch nicht im Stande etwas daraus zu erkennen, so dass die Frage über die altägyptische

Benennung des Tempels immer noch eine offene bleibt. Hoffentlich gelingt es mit Unterstützung der ägyptischen Regierung einem späteren Forscher die Bewohner, welche sich ihre Häuser in den Tempel gebaut haben, zu vermögen, dieselben zu Seite 105verkaufen und abzubrechen, bei dem jetzigen guten Geiste der Bevölkerung würde dies ohne Zweifel mit einigen Geldopfern zu bewerkstelligen sein.

Was das Bildniss des Ammon anbetrifft, so liegen darüber abweichende Berichte vor; nach Curtius brachten die Macedonier die Nachricht zurück, es gleiche einem Nabel ringsum mit Smaragden und Edelsteinen besetzt. Es wurde in Procession von Priestern in einem vergoldeten Schiffchen herumgetragen. Silberne, an beiden Seiten herabhängende Schellen klingelten, und alte Weiber und Jungfrauen sangen herkömmliche Weisen dazu. Diodor, ohne des Nabels zu erwähnen, macht dieselbe Beschreibung wie Curtius, Arrian sieht das als Fabel an, er weiss, dass der Jupiter Ammon als widderköpfig abgebildet wird. Auffallend ist nun aber, dass nach den neuesten Forschungen der ägyptische Ammon nie widderköpfig abgebildet wird, sondern Knepf oder Chnubis. Jedenfalls ist wohl anzunehmen, dass das Bild anders im Allerheiligsten des Tempels, wohin nur die geweihten Priester dringen durften, dargestellt wurde, als wie man es ausserhalb dem grossen Publikum zeigte. Alexander trug nach seinem Besuche bei Ammon häufig als Helmschmuck Widderhörner, und auch derartige Münzen liegen vor. Möglich, dass Alexander, da er im Allerheiligsten war, das wirkliche Ammonsbild zu sehen bekam. Chnubis, Knepf und Ammon werden übrigens nach Brugsch häufig verwechselt. Im kleinen Tempel Seite 106von Umma beida findet sich ein grosser Marmorblock, der auf allen vier Seiten einen grossen menschlichen Kopf mit Widderhörnern zeigt. Dies kann möglicherweise der Sockel gewesen sein, auf dem die Statue des Jupiter Ammon stand. Der Kopf selbst, eine scheussliche Fratze von Doppelmenschen-Grösse, soll wohl kein eigentliches Bild des Ammon sein, hat aber jedenfalls Bezug darauf. Das Widderhorn und der Widder mussten überhaupt bei den alten Ammoniern eine grosse Rolle spielen, Beweis davon der kleine in Bab el medina, eine Stunde südwestlich von Siuah, gefundene Marmorwidder, jetzt in Berlin auf dem Museum.

Wenn wir zur Zeit Alexanders das Ammonsorakel den grössten Ruhm geniessen sahen, so dass es sich mit denen von Delphi und Dodona in jeder Beziehung messen konnte, so bemerken wir andererseits, dass es zur Zeit Christi nur noch wenig mehr cultivirt wurde. Die Römer scheinen überhaupt nie grosse Vorliebe für dieses Orakel gehabt zu haben. Wir finden, namentlich durch die griechischen Bewohner Cyrenaica's gestiftet, verschiedene dem Ammon gewidmete Tempel auf der Nordküste von Afrika, ebenso auch in Griechenland selbst, aber in Italien wird uns von einem solchen nichts überliefert.

Mit der Christianisirung von ganz Nordafrika hörten die Ammonstempel in der Oase auch auf heidnische Gotteshäuser zu sein, wahrscheinlich wurden sie in Kirchen umgewandelt. Seite 107Zur Zeit des Christenthums in Afrika, wurde Siuah[33)], wie die anderen Oasen (Uah) als Verbannungsort benutzt, und als im 7. Jahrhundert die Araber über Nordafrika sich ergossen, fiel es dem mohammedanischen Cultus anheim.

Die Nachrichten der arabischen Schriftsteller Edrisi, Abu'l Feda, Ebn el Wardi und Jakuti sind sehr vage, sie führen den Ort unter der Benennung Santariat auf, wenn aber Ritter meint, dass erst Wansleb im Jahre 1664 zuerst den Namen Siwah als gehört aufgebracht habe, so finden wir diese Benennung neben Santariat auch schon bei Makrisi erwähnt. Heute ist jede Erinnerung an Jupiter Ammon bei dem Volke verschwunden, nicht so die von Alexander und Santariat. Der letzte Name Santariat, findet sich in alten in der Oase aufbewahrten Deftas[34], und als ich Umma beida besuchte, sagten mir unaufgefordert meine Begleiter, dass dieses Gebäude von Iskender (Alexander), demselben der Skendria[35] gegründet, erbaut wäre. Wenn wir nun auch wissen, dass Alexander beide Tempel schon erbaut vorfand, so geht doch daraus hervor, dass eine Erinnerung an ihn sich von Generation zu Generation fortgepflanzt hat.

Politisch war seit den ältesten Zeiten die Oase wohl immer in einer Art von Abhängigkeit von Aegypten. Ob Seite 108 Herkules zum Ammon gekommen, sowie Semiramis, ist nicht festzustellen. Sicher ist aber, dass die Vertreibung der Juden aus dem Lande der Pharaonen mit auf Rath des Ammon geschah, und dann bieten geschichtliche Anhaltspunkte: der Zug des Kambyses und Alexanders, Lysanders und Hannibals Rathfrage, der Besuch Kato des Jüngeren u.a. Nach Herodot unter eigenen Königen, dann den Persern unterworfen, beugten die Ammonier sich freiwillig vor den Macedoniern. Unter den Ptolemäern und Römern scheinen sie ein mildes Joch gehabt zu haben, und die Könige der Ammonier, unter denen wir wohl die Oberpriester des Tempels verstehen müssen, genossen schon ihrer grossen Heiligkeit wegen einer gewissen Berücksichtigung. Plinius rechnet das Orakel zu Cyrenaica, und geographisch zählt Hierokles die Ammons-Oase zu den sechs Städten Libyens, während Lukan und Silius Italicus den Tempel als einen Tempel der Garamanten bezeichnen; andere noch rechneten die Oase zum Gebiete der südlich von Cyrenaica hausenden Asbysten.

Die Ammonier scheinen freiwillige Abgaben gegeben zu haben, so wissen wir, dass zur Zeit der persischen Herrschaft die Perserkönige nur ammonisches Salz, das im

Alterthum hochberühmt war, auf ihrer Tafel duldeten, und dass dies nebst dem Wasser des Nils einen Theil des Tributs ausmachte.

Seite 109 Im Jahre 1150 für immer dem Koran anheim gefallen, blieb die Oase dennoch unabhängig, bis Mehemed Ali 1819 dieselbe unterwerfen liess, und seit der Zeit unter Beibehaltung seiner Schichs der Ort einen jährlichen Tribut an Aegypten zahlen musste. Nicht zufrieden damit, empörten sich die Bewohner zu wiederholten Malen, versetzten aber im Jahre 1853 ihrer Quasiunabhängigkeit den Todesstoss durch die schlechte Behandlung, welche sie dem englischen Reisenden Hamilton widerfahren liessen. Gleich darauf von Said-Pascha mit einer Soldatenmacht überzogen und durch eine ausserordentliche Abgabe gebrandschatzt, ist Siuah seit der Zeit integrirender Theil Aegyptens und bildet jetzt ein Mudirat, mit Beibehaltung der eigenen Schichs, die indess nur Familienangelegenheiten zu ordnen haben.

Uns Europäern wurde die Oase zuerst durch Browne wieder entdeckt im Jahre 1792, und sechs Jahre später war es ein Deutscher Namens Hornemann, welcher durch die Mittel der afrikanischen Gesellschaft von London, mit Unterstützung Napoleons, der zu der Zeit in Aegypten war, die berühmte Oase erreichte. Belzoni, der ungefähr zwanzig Jahre später reiste, und zwischen 1815 und 1819 die kleinen Oasen westlich vom Nil besuchte, ist nie in Siuah gewesen. Er glaubte in dem Brunnen der Oase El Kasr den Sonnenquell entdeckt zu haben, der im Alterthum seiner abwechselnden Temperatur wegen bekannt war, und den Belzoni bei der Quelle El Kasrs Seite 110 wahrzunehmen glaubte. Quellen, die ein solches Täuschungsgefühl hervorrufen, giebt es fast in allen Oasen der Wüste, am bekanntesten ist ausser der Sonnenquelle die grosse Quelle von Rhadames.

Erst 1819 erreichte Butin, ein französischer Officier, Siuah, entging mit genauer Noth dem Tode, um ihn bald nachher in Syrien zu finden, wo er ermordet wurde. Gegen Ende desselben Jahres kam Cailliaud nach der Oase, er durfte Umma beida besuchen und constatirte zuerst die tiefe Lage des Thales.

Als dann im selben Jahre Mehemet Ali Siuah durch Schamaschirgi Bei unterwerfen liess, begleiteten diesen der französische Generalconsul Dovretti von Alexandria, ausserdem der Ingenieur Linaud de Bellefonds, Ricci und der Maler Frediani. Von einer Truppe von 1500 bis 2000 Mann unterstützt, kann man sich denken, dass sie Alles besichtigen konnten, dennoch kamen sie nicht in den grossen Tempel von Agermi; ungehindert aber konnten sie Umma beida, Amudeïn, Bled el Rum und den See Araschich besichtigen, Jomard hat ausführliche Beschreibungen davon gegeben.

Minutoli besuchte im Auftrage des Königs von Preussen die Oase im folgenden Jahre, und erreichte, da er sich einer guten Aufnahme zu erfreuen hatte, die besten Resultate, seine Ansichten von Agermi und Siuah sind noch heute so ähnlich, als ob die beiden Oerter sich gar nicht verändert hätten. Minutolis Begleiter, Seite 111Ehrenberg Hemprich u.a. fanden aber, da der General inzwischen zurückgekehrt war, so schlechte Aufnahme bei den Einwohnern, dass sie nichts ausrichten konnten. Erst 1847 wurde die Jupiter Ammons-Oase dem Publikum wieder ins Gedächtniss gerufen durch die Reise des Engländers Bayle St. John von Aegypten aus, der mit einigen Gefährten die Oase besuchte, aber auch mit grossen Widerwärtigkeiten zu kämpfen hatte, hervorgerufen durch den glühenden Hass und Fanatismus der Eingebornen gegen jeden Europäer. Hamilton endlich war es 1853 vorbehalten den grossen Tempel des Jupiter Ammon zu entdecken, obwohl er in demselben nur die Königsburg zu erkennen glaubte. Obgleich im Anfange mit Kugeln empfangen und lange Zeit gefangen, konnte er nachher unter dem Schutze ägyptischer Soldaten frei umhergehen, und alles Interessante untersuchen. Seit seiner Zeit ist den Europäern die Oase geöffnet; denn durch eine Extracontribution, durch Soldateneinquartierung, und durch die Bestellung eines Mudirs, wurde der Trotz der Eingebornen gebrochen. Und wenn Hamilton fühlte und sagte, dass seine Leiden und Entbehrungen zukünftigen Reisenden die Thore von Siuah öffnen würden, so hatte er vollkommen Recht, nicht nur ist er der Wiederentdecker des grossen Tempels des Jupiter Ammon, sondern auch der Schlüssel zur Oase für die späteren Reisenden gewesen.

Seite 112 Die Lage des Ortes Siuah bestimmte Browne zu 29° 12' und einigen Sekunden nördl. Br., die Länge zu 24° 54' östl. v. Gr. Cailliaud giebt dieselbe zu 29° 12' 20" nördl. Br. und 23° 46' östl. L. v. P. an. Auf der Petermann'schen zehnblättrigen Karte finden wir gleiche Maasse, ebenso auf der Karte, welche der Partheyschen Abhandlung über die Jupiter Ammons-Oase beigegeben ist. Ehrenberg auf seiner Karte verlegt es 29° 30' nördl. Br. und circa 26° 15' östl. L. v. G. Gruoc bestimmt die Breite des Umma beida-Tempels 29° 9' 52" nördl. Br., Pacho auf seiner seinem Werke Cyrenaique etc. beigegebenen Karte hat 29° 12' und einige Sekunden n. Br. und circa 23° 50' östl. L. v. P. Auf der Minutolis Atlas beigegebenen Karte finden wir gleiche Lage, wie bei Cailliaud angegeben, Kiepert endlich hat 29° und einige Minuten nördl. Br. und circa 43° 50' östl. L. F.[36] Da alle diese und noch viele andere nur auf die Bestimmungen von Browne und Cailliaud fussen, die Petermann-Hassensteinsche[37] Karte aber diese Lage durch Itinerare unterstützt, so müssen wir, bis anderweitige Messungen ein anderes Resultat ergeben sollten, uns an diese halten. Alle weichen ja auch nur wenig von einander ab. Was die Höhe des Ortes betrifft, so haben Seite 113darüber die Alten schon Andeutungen gegeben. Aristoteles sagt mit klaren Worten, dass die Oase des Jupiter Ammon tiefer gelegen sei als Unterägypten, andere Schriftsteller, wie Eratosthenes von Cyrene und Strabo, erkennen, dass die ganze Gegend von Jupiter Ammon unter dem Meere gewesen sein müsse. Erst in der Neuzeit fand Angelot, ein französischer Geolog, aus dem von Cailliaud beobachteten hohen Barometerstand, dass die Oase circa 33 Meter tiefer als das mittelländische Meer liege. Meine eigenen, auf 23 zu verschiedenen Tageszeiten angestellten Barometerbeobachtungen fussenden Messungen ergeben für Siuah eine mittlere Tiefe von 52 Meter.

Die Oase gehört also zu der grossen nordafrikanischen Einsenkung, welche sich ohne Unterbrechung von der grossen Syrte bis nach Aegypten hinzieht. Die Grösse der Oase variirt sehr, so dass man, wenn man nicht verschiedene Gesichtspunkte berücksichtigt, auf die grössten Widersprüche zu stossen glaubt. Schon im Alterthum herrschte darüber Verwirrung. Browne giebt die Länge der Oase auf sechs engl. Meilen (2½ St.), die Breite auf 4½ bis 5 engl. Meilen (circa 2 St.) an. Minutoli rechnet die Länge des fruchtbaren Terrains auf über 2 deutsche Meilen, die Breite beträgt nach ihm nie über ½ Meile. St. John giebt dem fruchtbaren Lande eine Länge von 5 engl. Meilen, eine Breite von 3–4 Meilen. Das ganze Oasenthal von Muley Yus bis Edras Seite 114Amelal ist nach ihm 15 bis 17 engl. Meilen lang. Die Sache liegt einfach so, dass wir annähernd genau die Länge der Oase bestimmen, aber die Breite ohne wirkliche Messung nicht einmal schätzen können. Diese ist nämlich, was das fruchtbare Terrain anbetrifft, wie in allen langgestreckten Oasen so verschieden, oft nur einige Schritte breit, oft zwei Kilometer, dass, wollte man eine durchschnittliche Breite angeben, man sich ein ganz falsches Bild von der Oase machen würde. Dazu kommt noch, dass man zur Oase ebenso gut den ersten Anfang von Vegetation, welcher schon beim Brunnen Tarfaya beginnt, und weit im Osten von Siuah als Hattieh sich fortsetzt, rechnen kann, oder nur eine engere Oase annehmen, welche im Westen bei Maragi anfängt und im Osten bei Muley Yus endet. Letztere hat eine Längenausdehnung von circa 4 deutschen Meilen, derart, dass die Richtung von Maragi bis Siuah fast von N.-W. nach S.-O., die von Siuah nach Muley Yus von S.-W. nach N.-O. streicht. Von zahlreichen Sebcha und Hattieh unterbrochen, finden sich hier die Palmengärten, von denen indess keiner in der Breitenrichtung mehr als 2 Kilometer Ausdehnung hat.

Am Südrande des steilabfallenden, aus Kalkstein bestehenden sogenannten libyschen Küstenplateau gelegen, ist die Oase im Süden von nicht hohen Sanddünen begrenzt. In der Oase selbst liegen mehrere steile Felsen, von denen der Amelal und Djari in W. z. N. R. von ₛₑᵢₜₑ ₁₁₅Siuah, und davon zwei Stunden entfernt, als zwei grosse senkrechte Zeugen bei einer Höhe von circa 100 Meter die bedeutendsten sind. Der Dj. Muta, 1 Kilometer nördlich von Siuah, dieser Ort selbst, Agermi, endlich Dj. Hammed ½ Stunde S. z. W. vom Hauptorte, und der fünfköpfige Dj. Brick eine Stunde südöstlich von Siuah, sind andere derartige Zeugen.

Das Terrain, ursprünglich salzig und sebchaartig, ist durch die zahlreichen süssen Quellen, von denen es in der Oase über 30 giebt[38], in dem Bereiche dieser Quellen culturfähig geworden. Die berühmteste von allen, aber nicht mehr die ergiebigste (diese ist in Chamisa, auch die Mosesquelle ist stärker), ist Ain hammam, Taubenquelle, welche wir noch heute nach alten Ueberlieferungen die

Sonnenquelle nennen. Sie hat ungefähr 110 Schritte im Umfange[39], am Grunde bemerkt man Mauerwerk. Sie besitzt nur einen Hauptabfluss, der sich hernach in verschiedene Arme und nach verschiedenen Richtungen zerspaltet. Nach Diodor hatte der Sonnenquell seinen Namen daher, weil die Temperatur des Wassers in umgekehrtem Verhältnisse zur Sonnenwärme stand; nach den Aussagen der wissenschaftlichen Begleiter Alexanders, war der Sonnenquell Mittags kalt, Mitternachts Seite 116heiss, und Morgens und Abends lau. Wenn so die Alten, ihre Beobachtungen auf das blosse Gefühl beim Eintauchen in das Wasser stützend, allgemein die abwechselnde Temperatur als eine ausgemachte Thatsache annahmen, und die wunderlichsten Erklärungen darüber gaben, so ist es zu verwundern, dass sowohl Minutoli als auch Gruoc noch an eine allen physikalischen Gesetzen widersprechende variirende Temperatur glauben konnten. Bayle St. John und Hamilton, die übrigens nur einmal Gelegenheit fanden, bei Tageszeit ihr Thermometer in den Sonnenquell zu tauchen, fanden ersterer 84° F., letzterer 85° F. Meine zu allen Tageszeiten und Nachts gemachten Beobachtungen ergaben unveränderlich 29° C.[40], nur einmal um 2 Uhr Nachmittags bemerkte ich eine Erhöhung um 0,5°, was sehr wohl auf die hohe Lufttemperatur um die Zeit geschoben werden kann. Meine Beobachtungen stimmen also mit denen der beiden Engländer sehr gut. Bei allen andern Quellen, namentlich bei Ain mussa und Ain ben Lif, welche einer öfteren Untersuchung unterzogen wurden, bemerkte ich gleichen Wärmegrad. Den Eingebornen selbst ist über eine wechselnde Temperatur der Quellen nichts bekannt, wohl aber schreiben sie einigen Quellen, namentlich der Ain Hendeli gewisse Heilkräfte zu. Obgleich, namentlich wenn man das Salzwasser in der Wüste gewohnt geworden ist, Seite 117von angenehmem Geschmack, ist das Wasser der Quellen salziger als das unserer Flüsse. St. John, welcher Wasser aus dem Sonnenquell mitbrachte, und untersuchen liess durch Price, fand die Dichtigkeit des Wassers zu 1,0015[41], die der Themse zu 1,0003. In 100 Theilen enthielt das Sonnenquellwasser 0,23950 (das Themsewasser enthält 0,032932) solide Theile, und davon waren gemeines Salz 0,1615. Es ist kein Grund vorhanden, dass die andern Quellen anders zusammengesetzt sein sollten, denn alle dringen wohl aus einer und derselben unterirdischen Süsswasserschicht, hervorgepresst durch den Druck vom libyschen Wüstenplateau. Alle zeigen auch dieselbe Erscheinung des Blasenaufsteigens, als ob das Wasser siede, und haben in dieser Beziehung die grösste Aehnlichkeit mit dem Quell in Rhadames.

Die meisten grösseren Quellen haben eine künstliche, runde Quadereinfassung, bei vielen gut erhalten. Namentlich sind die Ain Mussa und Ain ben Lif noch heute mit so gut erhaltenen in Kreis gelegten Quadern und Kalk umgeben, dass man glauben sollte, dass diese Bauten, welche mindestens 2000 Jahre alt sind, gestern wären angefertigt worden. Von Siuah aus liegt der Sonnenquell eine kleine Stunde östlich, Ain Mussa eine halbe Stunde nordöstlich, Ain ben Lif, gleich südwestlich vom Seite 118Orte selbst, und Ain Hendeli am nordwestlichen Fusse des Dj. Brick.

Das Klima würde in der Oase des Jupiter Ammon gewiss ein sehr gesundes sein, wie überall in der Wüste Sahara, wenn nicht die vielen Sümpfe und Sebcha, die Vermischung von Süss- und Salzwasser, die darin faulenden organischen Stoffe, namentlich im Spätsommer, die schlimmsten Fieber hervorriefen. Freilich behaupten die Eingebornen dagegen unempfindlich zu sein, und glauben nur für Fremde sei jene Jahreszeit gefährlich, die grosse in Siuah herrschende Sterblichkeit aber, das ungesunde, fahle Aussehen der

Kinder, beweisen zu Genüge das Gegentheil. Man wird nicht irren, wenn man die mittlere Temperatur in Siuah zu 25° C. und vielleicht noch einige Grade höher annimmt. Die tiefe Lage des Ortes, der Schutz, den das Plateau gegen Nordwinde gewährt, lassen eine höhere Temperatur als an andern Orten gleicher Breite leicht erklärlich finden. Der Himmel ist fast immer rein, nur Morgens kommen manchmal Nebel vom Mittelländischen Meere, Regen sind aber hier ebenso ausnahmsweise wie in allen andern Theilen der grossen Wüste.

Mit reichster Vegetation da bedeckt, wo die Süsswasserquellen[42)] sind, ist die Hauptpflanze die Dattelpalme, Seite 119 wie in allen Oasen der Sahara, und auch an verschiedenen Sorten fehlt es nicht. Vor allen als vorzüglich werden die Sorten Sultani und Rhaselli gepriesen, und bilden selbst einen grossen Ausfuhrartikel nach Aegypten. Die Zahl der Dattelpalmen beträgt über 300,000, obschon die officielle Zählung bedeutend weniger angiebt. Das geht schon daraus hervor, dass in guten Jahren nach Minutoli bis an 9000 Kameelladungen, zu je 3 Ctr., gewonnen werden. An andern Bäumen ist vor allen der Oelbaum bemerkenswerth, der hier in ungesehener Pracht und Frische gedeiht. Doch werden die Palmen sowohl, als auch die andern Obstbäume von Zeit zu Zeit mit Agol gedüngt, welches, zu dicken Bündeln zusammengepresst, an die Wurzeln der Bäume gelegt wird. Nur in Chamisa gedeihen Orangen und Limonen, aber überall gleich üppig die Weinreben, Granaten, Aprikosen, Pfirsiche, Pflaumen und Aepfel (die Aepfel sind jedoch verkrüppelter Art). Was von den Alten noch an Bäumen erwähnt wird, als Cyperus-Arten, der Baum Elate und andere, wohlriechendes Harz gebende Bäume, so kommen dieselben heute in der Oase und der Umgegend nicht vor, und werden auch wohl trotz der guten Autoren des

Alterthums früher nicht vorhanden gewesen sein, weil die klimatischen Verhältnisse ihr Wachsthum nicht zuliessen. An Gemüsen wird ganz dasselbe gezogen, wie in Audjila, aber obgleich hier culturfähiges Land genug vorhanden ist, und die Bewässerung sich fast ganz von _{Seite 120}selbst macht, so reicht der Ertrag des Getreides lange nicht für den Consum der Bewohner hin, und wie in allen Oasen bildet auch hier die Dattel das Eintauschmittel. Die Bestellung der Gärten ist natürlich lange nicht mit so grossen Schwierigkeiten verknüpft, wie in den Oasen, wo durch das Heraufziehen des Wassers aus Brunnen das Land bewässert werden muss, ausserdem ist das Wasser der zahlreichen Quellen so reichlich, dass auch nicht auf eine karge Abmessung der Zeit, wie beim Quell von Rhadames oder bei den Fogorat in Tuat gesehen zu werden braucht. In der Jupiter Ammon-Oase ist das Wasser verhältnissmässig so reichlich, wie in Tafilet und Ued Draa, kleine Bäche ergiessen sich nach verschiedenen Richtungen aus den Quellen, und werden dann nach Bedürfniss in die Gärten geleitet.

Das Thierreich ist ebenso spärlich, wie in den Audjila-Oasen, Schafe und Ziegen werden von den nördlich nomadisirenden Arabern eingeführt, Esel aus Aegypten, einige Kühe werden draussen in den nordöstlichen Hattien gehalten, da eine gefährliche Bremse, welche sich in der ganzen nordafrikanischen Niederung aufhält, den Thieren schädlich ist. Aus dem Grunde halten auch die Siuahner keine Kameele, obschon die Agolweiden in der Oase ausgezeichnetes Futter dafür abgeben. Diese Fliege, welche auch in ganz Centralafrika vorkommt, ist grau von Farbe, von der Grösse einer Honigbiene, und quält Menschen und Thiere gleichviel; der Stich erzeugt auf _{Seite 121}der Stelle Blutung, aber keine Anschwellung; sie ist jedoch nicht zu verwechseln mit der viel gefährlicheren Zetse-Fliege, welche so weit nach Norden zu nicht vorkömmt. Gross ist die Zahl der kleinen wilden Waldtauben, welche sich in den Oelbäumen und Palmen herumtummeln, und da diese besonders dicht beim Sonnenquell stehen, und so den Tauben willkommenen Schutz und Schatten bieten, haben die Eingebornen den Quell mit dem arabischen Namen „Ain el hammam" Taubenquell, belegt.

Als sonstiges Naturproduct haben wir nur noch des Salzes zu erwähnen, welches aus den Sebcha gewonnen wird. Im Winter sickert aus diesen sehr salzhaltiges Wasser auf die Oberfläche, und nach erfolgter Verdunstung bleibt im Sommer eine Salzkruste zurück, die an manchen Stellen die Dicke von mehreren Zoll erreicht. Das Salz krystallisirt in oft mehrere fingerdicke und fingerlange Stücke von schönster weisser Farbe zusammen. Das von mir mitgebrachte von Baeyer in Berlin untersuchte Salz aus der Ammons-Oase enthält 59,26 Proc. Chlor (reines Kochsalz enthält 60,66 Proc.) hat also ungefähr 97,5 Proc. Kochsalz. Ausserdem fanden sich Spuren von Magnesia und geringe im Wasser unlösliche Substanzen vor. Das im Alterthum auch schon in der Medicin bekannte sal ammoniacum ist nicht mit diesem zu verwechseln, dies wurde künstlich durch Destillation Seite 122 aus Kameelmist gewonnen, während jenes ein Naturproduct der Oase des Jupiter Ammon ist.

Was das Volk anbetrifft, welches diese Wüsteninsel bewohnte und bewohnt, so finden wir nur bei Herodot die Nachricht, dass es ein Mischlingsvolk aus Aegyptern und Aethiopiern, und auch seine Sprache eine zusammengesetzte sei. Wenn dies nun zur Zeit Herodots der Fall war, so änderte sich das wahrscheinlich im Laufe der Zeiten. Der fanatische Islam hatte wahrscheinlich alle Einwohner dahin gerafft. Im 12. Jahrhundert, sagt Edrisi, existirten in den kleinen Oasen gar keine Einwohner, aber Siuah schildert er mit Mohammedanern bevölkert. Makrisi führt Santaria oder

Siuah mit bloss 600 berberischen Einwohnern an. Und wenn wir heute die Einwohner classificiren sollen, so müssten wir sie ohne Zweifel dem grossen Berberstamm beizählen, welcher sich in der Wüste am reinsten in den Tuareg und in Nordafrika, am unvermischtesten am Nordabhange des grossen Atlas, im Rif und im Djurdjura-Gebirge erhalten hat. Die Sprache der Siuahner ist nichts als ein Dialect des Tamasirht, und ohne Mühe macht sich ein Targi, ein Rhadamser oder ein Atlasbewohner mit den heutigen Söhnen des Jupiter Ammon verständlich[43]. Freilich fehlt Seite 123 den Bewohnern Siuahs jene männliche, fast griechische Schönheit der Tuareg und Atlasbewohner, auch ist ihre Farbe viel dunkler, ohne indess negerartig zu sein. Dies hat aber lediglich seinen Grund in der starken Vermischung mit Negerblut, wovon sich Tuareg und Atlasbewohner enthalten. Aber alle andern Berber in der Wüste, welche in Häusern wohnen, theilen dies mit den Siuahnern in gleichem Maasse: die Uadjili, Soknaui, Rhadamsi, Tuati, Filali und Draui sind durch ihre starke Vermischung mit Negern hässlich geworden. Während meiner Anwesenheit in Siuah sah ich mit Ausnahme des jungen Schich Hammed, des Bruders Schich Omars, keinen einzigen Mann, von dem man auch nur hätte sagen können, dass er hübsch gewesen wäre, von schön nicht zu reden. Hervorstehende Backenknochen, wulstige Lippen, breite Nase, fast ebenso viele mit lockigen, wie mit schlichten Haaren, schwarze stechende Augen, gebräunte Hautfarbe bei fast magerem Körperbau, das ist das Bild eines heutigen Siuahner. Aber ihre Sprache ist unvermischt die Berbersprache, soweit nicht der Islam und einige andere Umstände sie gezwungen haben, arabische Wörter aufzunehmen, wie das ja auch alle andern Berbervölker, die den Koran angenommen, gethan haben.

Wie in allen mohammedanischen Oertern ist es auch hier

schwer, etwas Bestimmtes über die Zahl der Bevölkerung zu erfahren. Bei Minutoli werden 8000 Bewohner auf 6 Stämme vertheilt angegeben, Hamilton, mein _{Seite 124}Vorgänger, rechnet nur die Hälfte, 4000 Einwohner. Dovretti hat für Siuah allein 2500 Seelen. Die Siuahner selbst gaben mir die Zahl der waffenfähigen Männer auf 600 Mann und 800 männliche Sklaven für die ganze Bevölkerung an, was eine Totalbevölkerung von 5600 Seelen ergeben würde. Von Haus aus fanatisch und unwissend, scheint namentlich in den letzten 10 Jahren ein merkwürdiger Umschwung mit ihnen vorgegangen zu sein, und hauptsächlich ist dies wohl den innigeren Beziehungen mit Aegypten zuzuschreiben. Die beiden Hauptstämme Lifaya und Rharbyin haben derzeit als Schichs: die Lifaya einen gewissen Omar, die Rharbyin einen gewissen Hallok, in Agermi ist zudem Mohammed Djari Haupt der Eingebornen. Die Lifaya zerfallen in drei Unterstämme, ebenso die Rharbyin, von denen der eine in Agermi ansässig ist. Natürlich ist, seit ein von Aegypten bestellter Mudir die Regierung vertritt, die Macht der Schichs eine sehr beschränkte, und berührt nur die intimsten Angelegenheiten der Familie. Die Bewohner der Oase verschmähen ebenso wenig den Genuss des Lakbi und Araki, wie die übrigen Inselbewohner der libyschen Wüste, nur verbergen sie den Fremden ihre Trunksucht, und wenn man ihren Worten Glauben schenken wollte, so hätte ein Siuahner nie Lakbi gesehen. Mit der Ehe steht es daher auch nicht besser, und wenn Reisende behaupten, Wittwen und Unverheirathete dürften nicht in Siuah selbst wohnen, so ist das offenbar ein Missverständniss. _{Seite 125}Der eigentliche Ort Siuah ist so eng gebaut, und die Häuser aus schlechtem Material so hoch, dass gar kein Platz zum Weiterbau mehr vorhanden ist. Auf diese Art sind Sebucha, Menschia und der Ort im S.-W. von der eigentlichen Burg Siuah entstanden, genau genommen sind dies jedoch nur Quartiere eines Ganzen. Die reichen Bewohner kleiden sich sehr elegant, nach Art der wohlhabenden Kahiriner Kaufleute; der gewöhnliche Mann trägt sich wie in den andern Oasen. Bei den Frauen ist durchweg die blaue Tracht der Fellah-Frauen in Aegypten hergebracht, als eigenthümlich bemerkte ich, dass sie wie die Frauen in Centralafrika niederhocken und ihr Gesicht abwenden, sobald sie einem Mann begegnen.

Als Mohammedaner huldigen sie dem malekitischen Ritus, und in der Sprache haben sie, unter sich Berberisch sprechend, im Arabischen fast ganz den ägyptischen Dialect, im Schreiben jedoch halten sie sich an der maghrebinischen Schreibweise. Religiöse Innungen sind drei vertreten: Snussi, Madani und Abd Salamin von Mesurata. Die Snussi, die jüngstentstandenen, sind am zahlreichsten.

Ausser dem schon erwähnten Orte Chamisa hat die Oase als Hauptort Siuah, welcher in den kasernenartig bebauten Berg und dem im S.-W. daran liegenden Stadttheil der Rharbyin zerfällt, endlich im Nordost, dicht dabei Sebucha, auch von Rharbyin bewohnt, und noch Seite 126einen halben Kilometer weiter nach N.-O. der von Lifaya bewohnte Ort Menschia. Der andere Ort im N.-O., eine kleine Stunde von Siuah entfernt, ist Agermi, von Rharbyin bewohnt. In früheren Zeiten herrschte in der Regel Krieg zwischen Agermi und der Burg Siuah, seit die ägyptische Regierung festen Fuss hat, sind die Fehden unblutiger Art.

Was den Handel Siuahs anbetrifft, so ist derselbe gering, der Siuahner hat lange nicht den Unternehmungsgeist der Modjabra, seine weitesten Reisen sind Alexandria und Kairo; nach Audjila oder Bengasi, nach Fesan oder Sudan kommt er nie. Jedoch als Zwischenstation von jeher wichtig gewesen, besitzt Siuah verhältnissmässig viel Geld. Von einigen Producten führen sie nur Oel[44)] und Datteln nach Aegypten aus, und tauschen meist ihre eigenen Bedürfnisse dagegen ein. An dem Sklavenhandel betheiligen sie sich nur indirect, indem die Modjabra hier gewöhnlich mit ihrem Trupp einen langen Aufenthalt nehmen, um die Sklaven wohlgenährt und fett auf den ägyptischen Markt zu bringen. Die Einwohner verstehen nichts zu fabriciren, wenn man nicht Körbe, Teller und Matten aus Palmzweigen und Bast dahin rechnen will, wie sie in jeder andern Oase auch und besser gemacht Seite 127werden. Jedoch giebt es die hauptsächlichen Handwerker: Schlosser, Schmiede, Schuhmacher, Schneider, Schreiner sorgen für die unentbehrlichsten Bedürfnisse der Bewohner.

Die Abgaben, welche das ägyptische Gouvernement bezieht, sind keineswegs übermässig gross, denn 10,000 M.-Th.-Thaler jährlich ist gewiss nicht zu viel für eine Bevölkerung von 5–6000 Seelen mit so reichen Palmwäldern und Gärten wie diese Oase sie hat. Freilich werden dabei auch noch wohl manche Nebenerpressungen dreingehen: der Mudir verlangt seine Bakschisch, der Kadhi spricht nur Recht, wenn man ihm so und so viel unter seinen Teppich legt, aber das ist Norm in allen mohammedanischen Staaten, und die Siuahner haben keineswegs Grund mit der ägyptischen Regierung unzufrieden zu sein.

Wie ich schon angeführt habe, hatte man mich ins Kasr einquartiert, welches nach Norden gelegen, unterhalb der Burg von Siuah, eine der besten Wohnungen war; vor dem Hause befindet sich ein grosser ummauerter Platz, in dessen hinterem abermals ummauertem Theile die Dattelmagazine sich befinden, während in dem andern vordern Theile das zum Ausdreschen bestimmte Getreide aufgespeichert liegt. In der Mitte steht eine hohe Kuppel Sidi Slimans, eines in Siuah in grosser Verehrung stehenden Heiligen. Am ersten Tage verging natürlich fast die ganze Zeit mit Besuchempfangen. Selbst Seite 128der fanatische Kadhi hatte für gut befunden dem Christen einen Besuch zu machen, aber mein Erstaunen wurde noch vermehrt, als auch der Mkaddem der Snussi zu mir kam, und sein Bedauern ausdrückte, dass ich nicht Sidi el Madhi in Sarabub (den Sohn und Nachfolger Sidi Mohammed Snussi's) besucht habe. Als ich ihm erwiederte, mein Führer habe mir gesagt, und auch früher habe ich dies überall in Barca gehört, dass Sidi el Madhi keine Christen in Sarabub sehen wollte, und ich mein Leben, falls ich hinginge, riskiren würde, schwur er, dies sei eine böswillige Verleumdung, Sidi el Madhi würde im Gegentheil sich gefreut haben mir Gastfreundschaft erweisen zu können. Bald darauf wurde dann das Gastgeschenk hereingebracht, ein fetter Hammel, Datteln, Reis, Zwiebeln, Knoblauch und Tomaten, auch einige Körbe mit Brod fehlten nicht. Die Uebrigen erklärten, die Bewohner wünschten, ich möchte wenigstens 14 Tage ihr Gast sein, während der Zeit solle es mir an nichts fehlen, und um vor Zudringlichkeit geschützt zu sein, oder bei etwaigen Käufen nicht übervortheilt zu werden, stellten sie mir zwei Kavassen zur Disposition; namentlich, liessen sie mir sagen, sollte mir Alles gezeigt werden, was ich zu sehen wünsche.

Mein erster Gang war natürlich nach Umma beida, theils weil die aus den Palmen hervorragenden Ruinen von selbst schon einluden, theils weil gerade Nachmittags noch Zeit genug zu dieser Promenade vorhanden war. Seite 129Der Weg dahin läuft immer zwischen den schönsten Gärten, und nach einer kleinen Stunde ist man an Ort und Stelle. Nur von einem Diener begleitet und einem Eingebornen, um den Weg zu zeigen, grüssten uns die uns Begegnenden überall aufs freundlichste, viele schlossen sich auch wohl eine Strecke Weges an, um etwas zu plaudern und Neuigkeiten zu erfahren. Umma beida oder der kleine Jupiter Ammons-Tempel ist heute schon lange nicht mehr, wie ihn Minutoli und später noch St. John gesehen haben. Der Thorweg, der von beiden beschrieben und von Minutoli auch gezeichnet wurde, existirt nicht mehr, nur vom hinteren Tempel stehen noch die Seitenwände etwa 25' hoch und inwendig einen 16' breiten Raum lassend. Die Länge der noch stehenden Mauern ist 14' resp. 10', und überdacht ist das Ganze von 3 colossalen Monolithen[45]), die auf der unteren Deckseite gut erhaltene, ausgebreitete Adler zeigen. St. John will noch 10 andere Decksteine in Bruchstücken auf der Erde liegen gesehen haben; ich bemerkte nur zwei und einige Bruchstücke, welche zu zwei anderen gehört haben mochten. Zu Browns Zeiten lagen sogar noch 5 Decksteine oben, Minutoli fand aber nur noch drei vor. Dieser Theil des Tempels, dessen hintere südliche Wand fehlt, dessen Pronaos noch zur Zeit Minutolis vorhanden war, jetzt aber auch verschwunden ist, hat an seinen Seite 130inneren Wänden vollkommen gut erhaltene Hieroglyphencolonnen: an der östlichen Wand sind noch 53, von denen die mittleren 47 ganz erhalten sind, an der westlichen Wand 52, mit 49 ganz erhaltenen Colonnen. Unten aus kleinen Quadern gebaut, sind dieselben nach oben zu grösser, und derart inwendig verkittet, dass durch die Fugen der Schrift kein Abbruch geschieht. An der Aussenseite scheinen nie Hieroglyphen gewesen zu sein, und die Bilder sind gänzlich verwittert. Zwischen den allegorischen Bildern oberhalb und unterhalb der Schriftcolonnen bemerkt man noch an manchen Stellen die ursprüngliche Farbe, besonders grün und blau, was sehr dazu beiträgt, Bilder und Hieroglyphen hervortreten zu machen. Die am südlichen Ende des Tempels sitzende Figur des behornten Ammon, Huldigungen entgegennehmend, von den mit Schakal- und Sperber-Köpfen versehenen menschlichen Figuren, ist das am besten Erhaltene. Tölken, der Minutolis Aufzeichnungen bearbeitete, erkannte darin die Bezwingung feindlicher Gottheiten, denen Ammon sich nach der Besiegung gnädig erzeigt, sowie einen ganzen Zug

Priester und heiliger Frauen, und in der untersten Reihe den Tod des Osiris und die Trauer um ihn. Dieser vollständige Cyclus heiliger Lehre bildete so im Gotteshause selbst ein Lehrbuch für den geistlichen Unterricht[46].

Seite 131 Von der äusseren Umfassungsmauer ist nur noch die südöstliche Ecke, welche aus gewaltigen Quadern besteht, vorhanden, alles Uebrige ist verschleppt oder in den sehr morastigen Boden versunken. Nach Minutoli betrug die Umfangsmauer 77 Schritt in der Länge und 66 Schritt in der Breite, was mit meinen Messungen genau stimmt.

Der Tempel selbst ruht auf einem beinahe viereckigen Kalkfelsen, dessen obere Partie, ob Kunst oder Natur, grosse Alabasterquadern zeigt, in denen sich eigenthümlich krystallisirte Rosetten befinden, welche oft einen Fuss Durchmesser haben. Von unterirdischen Gängen ist jetzt nichts mehr zu sehen, obschon die Leute von geheimen Gängen nach Agermi und Siuah fabeln. Die Richtung des Tempels ist bei 15° Abw. genau 348°.

Der Sonnenquell liegt 1 Kilometer südlich von Umma beida inmitten von Palmgärten; da ich ihn schon oben beschrieben, sowie das Resultat der Messungen, die ich an jenem und den folgenden Tagen wiederholte, schon mitgetheilt habe, so brauche ich mich hier darüber nicht weiter einzulassen. Der Rückweg nach Siuah wurde über Agermi genommen, ohne jedoch den Ort selbst zu betreten, da für diese interessante Burg eine eigene Tagesfahrt bestimmt war. Früh am andern Morgen ging es dann bei der Tammagrat-Quelle vorbei, nach dem südöstlich etwa 1 Stunde entfernten fünfspitzigen Dj. Brick. Hier scheint man die Steine zu den Bauten des Tempels Seite 132 gebrochen zu haben, auch befinden sich da mehrere regelmässig bearbeitete Felsengräber, wie die in Cyrenaica, einige sogar mit Säulen im Innern. Verschiedene Grabkammern lassen aus ihrer Grösse und den vielen Nebengemächern schliessen, dass sie ganzen Familien als Begräbnissstätte dienten. Sonst war jedoch von Bildwerken oder Inschriften nichts zu entdecken. Gleich am Fusse des Berges nordwestlich, entspringt die bei den Eingebornen im grossen Rufe stehende Quelle Hendeli, welche einst so stark gewesen sein soll, dass sie einen Bach bildete, welcher die Gärten bis Bab el medina und weiter bewässerte, auch sollen in der Tiefe grosse Schätze verborgen sein; jetzt ist sie nur mittelmässig stark, hat dieselbe Temperatur, und war von Geschmack ganz gleich dem Sonnenquell.

Während aller dieser Excursionen waren die Bewohner immer von der grössten Bereitwilligkeit; wenn ich ermüdete, war rasch ein Esel zum Reiten zur Hand, und namentlich liess Schich Hammed keinen Tag vorüber gehen, an welchem er nicht irgend ein kleines Geschenk brachte. Entweder schickte er Datteln oder Kuchen oder Eier, und schien absichtlich die Chikanen, welche sein Stamm Hamilton zugefügt hatte, an mir wieder gut machen zu wollen. Obschon er mich auf meinen Excursionen begleitete, musste er davon abstehen, Agermi zu besuchen, weil als Lifaya er dort keinen Zugang hatte. Vor circa 20 Jahren hatten nämlich die Lifaya seite 133sich Agermis durch Ueberrumpelung bemächtigt, und nur mit Hülfe der anderen Rharbyin gelang es den Bewohnern sich wieder in Besitz ihrer Burg zu setzen, seit der Zeit aber ist es keinem der Lifaya gestattet, Agermi zu betreten, etwaige Geschäfte werden vor dem Thore, in welchem immer eine Wache ist, abgemacht. Für mich waren keine Schwierigkeiten den Ort zu besuchen, und sobald ich am Thore war erkannt worden, bekam ich Einlass. Durch einen gewundenen engen Gang, der an mehreren Stellen abgeschlossen werden konnte, der manchmal überbaut war, und auf den auch die Djemma mündete, ging es aufwärts zu einem freien Platze, der fast die Mitte des oben glatten Felsens einnimmt, und um den herum die Häuser Agermis gebaut sind. Zuerst musste ich den Schich Mohammed Djari besuchen, welcher der reichste Mann der ganzen Oase sein soll; sein Haus war auch recht gut eingerichtet, drei Stock hoch und da wo wir hingeführt wurden, bildete das Zimmer eine Art Veranda. An beiden Seiten in demselben waren Divane von Thon mit Matten belegt, über welche syrische Teppiche gebreitet lagen. Nach dem Austausch der Höflichkeiten wurden Thee und Kaffee servirt und Neuigkeiten aufgetischt, dann kam hauptsächlich die Schatzgräberei aufs Tapet, denn die Eingebornen vermuthen, dass unter jedem alten Steine Gold und Silber verzaubert liegen muss. Mohammed Djari wachte übrigens genau darüber, dass seine Neger die Tassen vorschriftsmässig Seite 134präsentirten und wieder in Empfang nahmen, und sicher nahm er es als ein grosses Compliment entgegen, als ich ihm sagte, bei ihm sei Alles „türkisch". Endlich konnte ich mich losmachen, und er gab mir dann einen Kavas mit, der mir Alles zeigen sollte. Einem anderen gewundenen und engen Gange folgend, bemerkte ich gleich an einem Gebäude nördlich Grundmauern aus Quadern, oben darauf war ein Stall, und nichts hinderte meinen Eintritt; aber so viel ich auch suchte, es war eben weiter nichts als die Grundmauer zu entdecken, welche 2 Fuss hoch aus der Erde stand und von der nur die eine Wand übrig zu sein schien. Nun nach Westen gehend, kamen wir bald an das grosse Gebäude, dessen äussere Mauer man zum Theil von aussen des Ortes sieht, und dessen innere Wand theilweise auf dem grossen Platz in Agermi zu sehen ist. Durch die Wand führt ein gebrochener Weg gleich in einen Vorhof, dessen Dach aber gänzlich verschwunden ist, und welcher 15 Fuss lang und 10 Fuss breit ist. Nach Süden zu aber verbaut von einem Hause, kann man den südlichen Eingang nicht sehen, der jedoch in Form einer einzigen grossen Thür vorhanden ist. Hieroglyphen sind hier nirgends zu sehen. Durch zwei grosse ägyptische Thore kommt man nach Norden in das Allerheiligste, welches aber von Häusern ganz durchbaut ist. Die Thore, 18 Fuss hoch, kann man nur mittelst der Häuser passiren. Voll Rauch, Staub und Russ, entdeckte ich hier Seite 135jene Hieroglyphen und Bilder, von denen einiges zu copiren nur mit Hülfe mehrerer Kerzen gelang, und wovon ich oben das Resultat nach Brugsch mitgetheilt habe. Die Leute zeigten auch hier den besten Willen mir Alles sehen zu lassen, aber um vollständig befriedigt zu werden, hätte man ihre Häuser, welche den grössten Theil der Wände bedeckten, wegbrechen müssen, und dazu wollte sich natürlich Niemand verstehen. Jene Cella war in ihren Dimensionen 24 Fuss lang auf 18 Fuss Höhe und 18 Fuss Breite. Interessant war noch ein geheimer Gang in der Dicke der östlichen, inneren Längsmauer. Wie ich später sah, steht derselbe jetzt noch in Verbindung mit dem grossen Brunnen in Agermi. Derselbe ist 2 Fuss breit, so dass gerade ein Mann darin gehen konnte, und war wahrscheinlich der Weg vom Tempel zum Brunnen, den die Priester ungesehen hinabgingen, um am Wasser die zum Opfer bestimmten Gegenstände zu reinigen. Der Brunnen selbst, auf der Südseite des Platzes gelegen, ist durch den Fels gearbeitet, sehr geräumig und tief, und von oben sieht man deutlich auf einer kleinen Plattform den Tempelgang dicht oberhalb des Niveaus des Wassers ausmünden.

Geht man dann vom Vorhof aus durch das die südliche Wand schliessende Haus, so kommt man auf eine Strasse und stösst alsbald auf eine grosse Mauer aus colossalen Quadern, die eine Art von Brücke über die Strasse bildet. Der Häuser wegen lassen sich auch Seite 136hier keine weiteren Nachforschungen anstellen, aber aller Wahrscheinlichkeit nach dürften dies Reste der alten Akropolis sein, während das vorhin beschriebene Gebäude mit zwei Abtheilungen dem grossen Tempel des Jupiter Ammon entspricht. Schon der Zusammenhang mit dem Brunnen mittelst des geheimen Ganges macht dies wahrscheinlich. Auch mit der Beschreibung der Alten, z.B. Diodor, von den Räumlichkeiten der Jupiter Ammons-Oase stimmt Alles. Nach ihnen war die heilige Quelle, und das ist der Brunnen, dicht bei dem Tempel gelegen. Anführen muss ich noch, dass von diesem Brunnen aus, der eine starke Quelle enthält, sieben Bäche aus dem Berge heraus nach aussen sich ergiessen. Die dritte äussere Umschliessungsmauer, von der bei den Alten die Rede ist, müssen wir jedenfalls wohl ausserhalb Agermi suchen, da der Raum nicht gross genug gewesen sein würde, um Platz für Soldaten und Diener, wofür er bestimmt sein sollte, aufzunehmen. Spuren von Mauerwerk fand ich später südwestlich von Agermi zwischen einigen Hütten, Tschücktschuck genannt, und diese könnten möglicherweise Reste der dritten Umfassung gewesen sein.

Es versteht sich wohl von selbst, dass ich meinen Besuch in Agermi wiederholte, aber dennoch, so oft auch alle Häuser, welche zugänglich waren, durchsucht wurden, war nichts zu entdecken. Gerade südlich von Agermi, kaum einen Viertel Kilometer entfernt, finden sich die Reste eines griechischen Tempels, seine Richtung ist von Seite 137Westen nach Osten, die Umrisse lassen sich nur aus den zum Theil aus dem Boden sehenden Quadern erkennen, zu Tage liegt sonst nichts als die Schafte zweier cannellirter Säulen. Die Schuttumrisse geben auf 18 Schritt Länge eine Breite von 14 Schritt; ursprünglich mögen aber die Verhältnisse andere gewesen sein, da dieselben eben nur durch Schutt und Anhäufungen zu bemessen waren.

In jenen Tagen erstand ich auch durch Kauf den interessanten Marmorwidder, sowie einige alte Münzen, welche in der Oase gefunden worden sind. Zugleich machte ich mich auf nach dem Orte, wo der Widder war entdeckt worden. Ungefähr 1½ Stunde S.-W. von Siuah gelegen, fand ich am Rande der Oase und der Dünen nichts als einen 12' Quadrat grossen Schutthaufen, in dem einzelne Kalkquadern lagen. Möglicherweise kann hier ein Triumphbogen gestanden haben, worauf der Name bab el medina[47)] wenigstens hindeutet. Die übrige Zeit ging damit hin, die Oase nach allen Richtungen hin zu durchstreifen, Agermi, Umma beida und der Sonnenquell erhielten täglich einen Besuch, auch Ain Mussa, eine grosse schön ummauerte Quelle, auf selbem Wege zwischen Siuah und Agermi gelegen. Besonders auch unterwarf ich den Dj. Muta, Todtenberg, einer genauen Untersuchung, derselbe ist etwas nördlich von Siuah gelegen. Ungefähr 150' hoch und an der Basis Seite 138einen Umfang von etwa 1500 Meter zeigend, ist dies gewiss die sonderbarste Grabstätte, die man auf Gottes Erdboden antreffen kann. Seit Jahrtausenden muss dies der gemeinsame Beerdigungsplatz der Bewohner der Oase gewesen sein. Hunderte von Gewölben, Löchern, Katakomben und Gräbern machen aus dem ganzen aus Kalkstein bestehenden Berg ein wahres Labyrinth, und es giebt darin Gewölbe, welche zur Aufnahme von hundert und mehr Todten hergerichtet waren. Spitz nach oben zulaufend, ist der Berg so durchlöchert, dass er einem Zellenbau gleicht. Hunderte, Tausende von zerrissenen Gerippen, ganze Haufen von Schädeln, oft noch gut eingewickelte Mumienglieder liegen am Fusse des Berges umher. Da ist auch kein Grab, welches nicht durchsucht, kein Gerippe, welches nicht auseinander gerissen worden wäre, um möglicherweise Ringe oder Schmucksachen an demselben zu entdecken. Ja, einige Gräber hatten offenbar in späteren Zeiten schon zu Wohnungen dienen müssen, russige Wände, Topfscherben und Feuerstellen zeigten es deutlich. An der südöstlichen Bergkante wohnen noch jetzt einige arme Familien in den Todtengemächern, meine Begleiter sagten mir, es seien vor einigen Jahren aus Djalo eingewanderte Modjabra. Bemerkenswerth von all den vielen Gräbern war ein in der Mitte des Berges auf der Ostseite gelegenes: der Eingang mit Halbsäulen geschmückt, liess schon auf ein sorgfältig ausgehauenes Innere schliessen, und in der Seite 139That entsprach die innere Einrichtung ganz dem eleganten Aeusseren. Durch einen Vorhof gelangte man in eine geräumige Kammer mit zwei seitlichen Nebencabinetten, welche, wie die Hauptkammer sorgfältig ausgehauene Aufnahmestellen für die Todten hatten. In Manneshöhe zog sich auf blauem Grunde eine Epheu- oder Rebenblattguirlande in lebhaft grüner Farbe herum, und so frisch waren die Töne, als ob sie gestern wären gemalt worden. Im Hintergrunde der Kammer bemerkte man auch erhabene gemeisselte Figuren an der Wand, doch waren sie absichtlich so zerstört, dass sich nichts erkennen liess. Der unterirdische Gang, der von hier nach Agermi führen sollte, erwies sich, nachdem Licht gebracht wurde, als nichts anderes, denn unterirdische Grabhöhlen, welche sich von hier noch weiter ins Innere des Berges fortsetzten, dann aber mit einer Felswand ein Ende hatten.

Ich hatte während meiner Anwesenheit in Siuah nie davon gesprochen, den Ort selbst besuchen zu wollen, ich wusste, wie empfindlich früheren Reisenden gegenüber die Bewohner in diesem Punkte gewesen waren. Und wenn man vom mohammedanischen Standpunkte aus das Haus als etwas Heiliges, für Fremde Unzugängliches betrachtet, wird man das auch ganz natürlich finden. Nun ist aber Siuah selbst so zu sagen ein einziges Haus. Der konische Berg, aus dem es besteht, ist seit 1000 Jahren so eng überbaut worden, dass die Häuser ein Seite 140Ganzes bilden und alle eine Höhe von drei Stockwerken erreicht haben;

wo nur noch Platz war, hat man gebaut, so dass sogar die Strasse mit Ausnahme einiger nach oben gelassener Luftlöcher ganz überbaut ist.

Als nun aber Hammed mich in den letzten Tagen fragte, ob ich noch etwas zu sehen wünschte, und ich erwiederte, ich glaubte Alles gesehen zu haben, während doch mein Blick, der auf Siuah ruhte, das Gegentheil verrieth, sagte er von selbst: „Ja, mit Ausnahme des Ortes, wenn Du aber hinein willst, will ich gleich ausrufen die Thüren zuzuhalten und die Weiber einzusperren." Man kann sich denken, mit welcher Freude ich den Vorschlag annahm, zumal nach den Erkundigungen St. Johns alte Baureste in Siuah sein sollten. Man hatte schnell die Frauen unter Schloss gelegt, und durch eine der vielen Thüren gelangten wir unter einem Hause durch bald in die grosse, aber auch überdachte Strasse, welche sich schneckenhausartig um den Berg bis fast nach oben hinaufzieht. Indess war es doch noch hell genug, um ohne Licht oder Fackel gehen zu können, manchmal aber die Strasse so niedrig, dass Achtung gerufen wurde, um nicht mit dem Kopf anzustossen. Von dieser grossen Strasse liefen radienförmig Gänge aus, nach aussen und innen. Mit Ausnahme der durch den Fels getriebenen Brunnen, es giebt deren vier in Siuah, welche davon zeugen, dass auch im hohen Alterthum dieser Punkt der Oase schon stark bewohnt war, Seite 141 ist indess nichts von altem Mauerwerk vorhanden. Oben am Ende der Spirale, denn das war die Strasse, angekommen, fand ich ein Haus; der Besitzer, ein alter Mann, war aber auch freundlich genug mich einzuladen, und bald befand ich mich auf dem Dache des höchsten Hauses von Siuah, hatte von hier aus den Blick auf alle Dächer, welche, wie Stufen nach unten abfielen. Ein herrlicher Rundblick eröffnete sich hier auf den Amelal-Felsen, auf das steile nördliche Ufer, auf die Palmgärten, auf

Dj. Muta, Agermi und Umma beida, und nach Süden auf die endlose Fläche der Sahara. Dem alten Manne gab ich denn ein mehr als reichliches Bakschisch, das wird aber künftigen Reisenden auch wieder die Thür öffnen. Wenn ich somit in Siuah selbst auch nur ein negatives Resultat erlangt hatte, nämlich constatiren zu können, dass hier keine Ruinen irgendwelcher Art vorhanden sind, so bestätigt das andererseits um so mehr, in den auf Agermi vorhandenen Ruinen den grossen Tempel und die Akropolis mit vollem Rechte zu erkennen.

Während der ganzen Zeit meines Aufenthaltes hatten sowohl die Schichs der Lifaya, als auch die der Rharbyin gewetteifert mir ihre Dienste anzubieten, und um sich selbst herauszustreichen, hielten sie es fürs Beste sich gegenseitig zu verleumden. Ich hielt mich mit allen gut, Hammed aber, der sich gegen mich am uneigennützigsten und aufrichtigsten gezeigt hatte, beschenkte Seite 142ich mit einem schönen weissseidenen Ueberwurf, einer Djibba oder Djelaba, welche von einem Stück angefertigt worden war, das von den in Tripolis verfertigten Burnussen für den Sultan von Bornu übrig geblieben war; aber auch alle Uebrigen wurden reichlich bedacht, um sie in ihren guten Gesinnungen gegen uns Europäer zu erhalten.

Und dann wurden am 11. Mai die Kameele vorgetrieben, beladen, und in Begleitung sämmtlicher Schichs und vieler Bekannten, während alles Volk auf der Strasse war, verliessen wir die Mestah oder den Dattelhof, und riefen den Siuahnern ein Allah ihennikum zu.

Von der Ammons-Oase nach Egypten.

Wir zogen selben Tages nur bis zum unfernen Agermi, von einer grossen Menge Leute aus Siuah begleitet. Zum letzten Male ging es nun vorbei an jenen sprudelnden Quellen, an jenen immer grünen Gärten. So mochten vor tausenden von Jahren auch die Pilgerschaaren heimgezogen sein, welche gekommen waren, um sich Rath und Frieden für das Gemüth zu holen. Seitdem die christliche Religion einzog, ging das Ansehn des Orakels der Ammonier unter, seit die Schwesterreligion des Islam sich festsetzte, wurde Alles, was daran erinnerte, vernichtet. Wenn ich daran denke, wie Mohammedaner Seite 143 und Christen es sich haben angelegen sein lassen, die Tempel und Gotteshäuser der Heiden einzureissen zur Ehre Gottes, und dann lese: (Ausland Nr. 18, 1870) „Zu solchen Stätten haben wir gewiss in erster Linie auch die altchristlichen Kirchen Roms zu zählen, jene ersten Gotteshäuser, welche die ewige Stadt mit ihren zahllosen Tempeln im weiten Umkreise umgebend, ihr mildes Licht in die Nacht des versinkenden Heidenthums hineinleuchten liessen, so fragte ich unwillkürlich, ob es Ironie oder Wahrheit sei. Ich dachte mir, hat man mit den Verdammungsartikeln, welche man 1870 vom St. Peter zur Ehre und Liebe Gottes schleudert, noch nicht genug. Klingt es in der That nicht, wie eine Parodie, wenn man im Jahre 1870 noch von der Liebe und Milde einer christlichen oder semitischen Religion redet, die allerdings Liebe und Demuth predigt, deren Lehren aber nun seit Tausenden von Jahren nur Schwert, Inquisition, Hexenprocesse und Verdammungsurtheile zur Folge haben. —Alexander d. Gr. liess sich im Tempel des Ammon doch nur zum Sohne Gottes proclamiren, der heilige Vater im St. Peter aber lässt sich im Jahre 1870 zum Gotte selbst ausrufen.

Wir waren bald am Fusse der alten Akropolis und schlugen unsere Zelte im Schatten der Dattelbäume nordwärts von Agermi. Alle Bewohner halfen aufs Freundlichste, so dass wir rasch damit fertig wurden. Ich besuchte sodann noch den Schich von Agermi, den grossen _{Seite 144}Tempel, machte dem kleinen Tempel einen Abschiedsbesuch und setzte mich an den Sonnenquell. Hier kam dann noch eine Deputation Lifaya, um sich speciell zu verabschieden, und kehrte sodann nach unserem Lager zurück. Der Schich von Agermi und andere Vornehme des Ortes erwarteten mich, damit ich mit ihnen käme, um Nachts auf der Burg zu schlafen. Auf meine Antwort, ich zöge es vor, in meinem Zelte zu schlafen (schon der Reinlichkeit halber, da die Siuahner, weil in der Wüste allerdings ohne Flöhe, aber keineswegs ohne sonstiges Ungeziefer sind), sagten sie, es sei gefährlich, die Lifaya würden kommen, um mich zu ermorden, und die Schuld würde dann auf sie zurückfallen. Aber auch dies konnte mich nicht bewegen, ich erwiederte einfach, ich könne nicht glauben, dass, da ich so lange Gast der Lifaya gewesen, diese schliesslich ihren Gast ermorden würden.

Als die Agermi-Bewohner so sahen, dass nichts auszurichten war, beschlossen sie eine starke Wache bei meinem Zelte zu stellen. Vorher jedoch kam eine grosse Diffa (Gastmahl) von Schich Mohammed Djari, die um so mehr Hülle und Fülle hatte, als es galt, mit einem Schlage die Gastfreundschaft der Siuahner auszustechen und zwar in ihrer Gegenwart, denn eine Menge Leute vom ersten Orte wollten auch noch die letzte Nacht in unserer Nähe verbringen. So war denn auch an Schlafen nicht zu denken, die Wache, die vielen Freiwilligen hatten Seite 145so viel zu plaudern, zu singen und zu scherzen, dass auch wir fast die ganze Nacht an der Seite eines kleinen glimmenden Feuers zubrachten, welches nicht dazu diente, die Kälte zu vermindern, denn es war eine der schönsten Sommernächte, sondern um den Taback für die Raucher anzuzünden, und um von Zeit zu Zeit eine Tasse Kaffee zu kochen, womit ich die Ammonier tractirte.

Mit anbrechendem Morgen ging es dann fort, alle Bewohner riefen uns ihr Lebewohl nach und nur noch von Einzelnen begleitet, waren wir denn bald aus den eigentlichen Gärten dieser reizenden Oase heraus. Der Weg[48] bot am ganzen Tage nichts irgend Bemerkenswerthes; wir sahen die Rinderheerde der Oasenbewohner ohne Hirten in einem Sebcha, wo etwas Grün war, weiden, und fragten uns, wozu solche erbärmliche Thiere nützen dürften, und lagerten Abends nach einem ziemlich anstrengenden Marsche südlich vom Plateau.

Seite 146Dieser Lagerplatz im u. Mohemen gelegen, befand sich gewissermaassen am oberen Kopfende des Uadi, das nach der Oase Lebak führt, welche südlich von Siuah gelegen, jedoch unbewohnt ist. In der Entfernung sahen wir Palmen, die jedoch nach Aussage unseres Führers ohne Herrn sein sollen. Die Lebaker Palmen werden von den Siuahnern eingeheimst.

Schon um 4½ Uhr brachen wir am anderen Tage in nordöstl. Richtung auf; brauchten, um aus dem Mohemen-Thale herauszukommen, noch eine Stunde, und erstiegen dann eine in die Depression hineinragende Halbinsel, deren Abhang nach N.-W. zu der Nokb el Modjabri genannt wird, der Rand ist 105 Meter hoch. Je weiter man nach Osten kommt (die ersten 4 Stunden in N.-O., die letzten 5 in östl.

Richtung), desto mehr hebt sich der Boden der Halbinsel, so dass Abends an unserem Lagerplatze das Aneroid 137 Meter zeigt. Da, wo wir lagerten, mündet auch ein ziemlich betretener von Lebak nach Um sserir führender Weg ein. Am folgenden Tage erreichten wir im Nokb el abiod nach einem zweistündigen Marsche in nordöstl. Richtung den höchsten Punkt der Halbinsel, kamen dann immer in selber Richtung bleibend herab, entstiegen einem zweiten Absatz, nokb el hamar genannt, und ein dritter Absatz brachte uns in die Hattieh der Oase Um sserir.

Dies kleine Eiland liegt unmittelbar südlich vom libyschen Plateau. Wir fanden auch hier eine überaus Seite 147freundliche Aufnahme, schlugen aber ebenfalls aus, auf dem Orte selbst zu wohnen, sondern schlugen unser Zelt unter den Palmen auf. Um sserir oder auch Gara genannt, liegt wie Agermi auf einem Felsblocke. Im Ganzen werden höchstens 300 Einwohner hier sein, alle sahen sehr dürftig aus. Der Ort selbst hat heute durchaus keine Ueberbleibsel von alten Bauten, obschon nicht bezweifelt werden kann, dass auch die Alten hier eine Ansiedelung hatten. Einige alte römische Münzen aus der Zeit der Kaiser, die ich hier sammeln konnte, bestätigen dies. Die Oase selbst ist ebenso wasserreich im Verhältnisse, wie die des Ammon, aber nur eine Quelle Um sserir el gotara enthält trinkbares Wasser, alles andere ist brakisch. Die Bewohner scheinen sehr faul zu sein, und ihr Dasein mit Lakbitrinken zu verbringen. Von hier führt ein näherer Weg als von Siuah nach der südlich von Um sserir gelegenen, unbewohnten Oase Dorha. Nach den übereinstimmenden Aussagen der Bewohner von Um sserir bietet diese Oertlichkeit keine Ruinen oder Spuren ehemaliger Besiedlung, die phantasiereichen Aussagen der Bewohner Siuahs gegen Hamilton und mich beruhen daher wohl auf Unwahrheiten; alles Merkwürdige soll sich auf einige sonderbar geformte

Felsblöcke beziehen.

Wir setzten daher unseren Weg fort und machten am Aufbruchstage 11 Stunden in 80° Richtung. Es ist ein Irrthum, wenn auf den Karten verschiedene Wege Seite 148verzeichnet sind, es ist hier nur Ein Weg, südlich vom Plateau, und dass der Reisende in der Sahara nicht reisen kann, wie er will, ist eine bekannte Thatsache, er muss immer dem Karawanenwege folgen. Die Depression wird nun gegen Osten hin merklich tiefer, und erreicht wahrscheinlich in den Natronseen den tiefsten Punkt; die Gegend ist sonst vollkommne Sserir. Man passirt den Bir bel Geradi mit stark purgirendem Wasser, und erreicht dann die Brunnen Mkemen und Morhara, die beide ausgezeichnetes Wasser haben. Hier stiessen wir wieder auf eine grosse von Kairo kommende Karawane.

Hier trennt sich denn auch der Weg nach dem Meere und Alexandrien von dem nach Kairo; da unser Führer von Djalo behauptete den Weg nach Alexandrien nicht zu kennen, so übernahm ich selbst von Morhara die Führerschaft und nun ging es in nordöstl. Richtung dem Plateau entgegen. Nach 4 Stunden war dies denn auch erreicht und wir somit aus der libyschen Wüste heraus. Zwei andere Tage brachten uns über die krautreiche Hochebene, wo uns rechts und links der Anblick weidender Schafheerden erfreute, nach dem Bir Hamman und der darauf folgende Tag ans Mittelmeer selbst.

An der Küste entlang ziehend, erreichten wir dann Alexandrien, vierzehn Tage nachdem wir von Agermi, der alten Akropolis des Ammonium aufgebrochen waren.

1868	Aufenthaltsörter	Barometer	Thermom

1868

Decbr.	v.S.A.	9	3	n.S.U.	v.S.A.	9	3	n.S.U.	v.S.A.	9	3
15	Tripolis				769	770	770	769	12	12	23
16	do.				770	770	771	770	11	13	23
17	do.				768	768	770	769	12	12	20
18	do.				767	768	770	769	12	23	18
19	do.				765	767	767	767	8	11	19
20	do.				764	764	767	764	10	12	19
21	do.				765	765	767	766	10	13	18
22	do.				767	769	769	768	12	15	19
23	do.				767				10		
24	do.										
25	do.										
26	do.										
27	do.										
28	do.						767				18
29	do.					769	770			13	173/4
30	do.				770	768	768		10	13	19
31	do.					765	768			14	19
1869 Januar											
1	do.				767	768	768	770	7	10	18
2	do.					772		772			18
3	do.				770	770	768	769	15	15	19
4	do.				766	768	770	770	13	14	19
5	do.				772	772	773	773	14	15	17
6	do.				773	774	774	775	12	13	17

1869	Aufenthaltsörher				Barometer				Thermome		
Januar	v.S.A.	9	3	n.S.U.	v.S.A.	9	3	n.S.U.	v.S.A.	9	3
7	Tripolis				775	775	774	774	15	15	18
8	do.				774	773	771	770	14	15	17
9	do.				767	766	765	768	12	12	13
10	do.				765	765	766	768	10	12	11

12	do.	768	770	767	767	8	11	14
13	do.	766	768	764	764	8	10	13
14	do.	766	767	765	765	9	12	18
15	do.	765	764	764	764	10	12	16
16	do.	764	764	760		12	12	12
17	do.	762	762	762	762	10	14	15
18	do.	762	761	761	765	10	12	15
19	do.	765	765	765	765	12	13	12
20	do.	763	764	763	761	10	14	14
21	do.	760	760	760	764	8	10	12
22	do.	764	766	764	764	8	10	12
23	do.	760	762	762	761	7	10	12
24	do.	751	765			7	9	
25	do.							
26	do.							
27	do.							
28	do.							
29	do.							
30	do.							

1869 Aufenthaltsörther   Barometer   Thermome

Januar	v.S.A.	9	3	n.S.U.	v.S.A.	9	3	n.S.U.	v.S.A.	9	3	r
31	Tripolis											
Febr.												
1	do.											
2	do.											
3	do.											
4	do.				775	776	774	776	10	12	18	
5	do.				776	777	777	777	8	13	18	
6	do.				777	777	777	776	12	14	19	
7	do.				776	777	777	776	8	15	20	
8	do.				775	775	774	774	8	14	18	
9	do.				773	774	774	773	9	14	18	
10	do.				774	774	775	776	9	12	18	
11	do.				776	776	776	775	14	15	20	
12	do.				765	775	774	772	8	14	18	

		Aufenthaltsörther				Barometer			
12		do.				765	775	774	772	8	14	18
13		do.				770	769	768	768	8	14	20
14		do.				766	766	766	765	8	15	20
15		do.				763	762	760	764	7	14	19
16		do.										
17		do.										
18		do.										
19		do.				773	774	773	773	10	14	18
20		do.				769	770	770	770	12	13	19
21		Mittelmeer				768	767	770	770	10	14	19
22		do.				765	769	768	768	8	14	18

1869	Aufenthaltsörther				Barometer			
Febr.	v.S.A.	9	3	n.S.U.	v.S.A.	9	3	n.S
23	Mittelmeer				768	770	770	7?
24	do.				770	771	770	7?
25	do.				772	773	772	7?
26	do.				775	772	773	7?
27	Bengasi				771	770	771	7?
28	do.				770	770	770	7(
März 1	do.				767	764	763	7(
2	do.				759	759	757	7!
3	do.				757	756	753	7!
4	do.	do.	Weg	(Kafes) Thuil	754	754	753	7!
5	Weg	Weg	Weg	Tokra				7(
6	Tokra				763	765	765	7(
7	Tokra	Weg	Sisi	Chaluf	762	761	761	7(
8	Sidi Chaluf	Weg	Ptolemais	Ptolemais	762	763	763	7(

10		Tolmetta			762		760	759	7!
11	Tolmetta	Weg	Weg	Mrsihd	757			7:
12	Mrsihd	Weg	Weg	Megade	727			7:
13	Megade	Weg	Beni	Gedani	722		714	7:
14	Beni Gedani			Djenin	715			7(
15	Djenin	Weg	Cyrene	Cyrene	705		707	7(
16	Cyrene	Battusstrasse	Battusstrasse		701	701	704	7(
17	Battusstrasse	Cyrene	Cyrene		704	707	709	7(

1869   Aufenthaltsörther   **Barometer**

März	v.S.A.	9	3	n.S.U.	v.S.A.	9	3	n.S.U.	v.
18	Cyrene, östl. Necropolis				709	709	710	710	
19	Necropolis Cyrene				708	708	707	707	
20	Necropol. Cyrene		Gasr-	Gaigab	707	705	695	698	
21	Kasr		Gaigab		697	697	695	698	
22	Kasr		Gaigab		698	698	698	697	
23	Gaigab	Weg	Weg	Slantia	698			688	
24	Slantia	Weg	Maraua		687		714	716	
25	Maraua	Weg	Weg	Djerdes	715			704	
26	Djerdes	des	Weg	Biar	705			732	
27	Biar	Weg	Weg	Bengasi	732			761	
28		Bengasi			760	762	760	762	
29		do.			759	758	755	755	
30		do.			757	759	759	760	
31		do.			760	762	762	764	
April									
1		do.			762	762	760	761	
2		do.			755	754	755	753	
3	Bengasi		Ksebéah el		756	755	754	754	

				Hussein				
5	el Hussein	Weg	Weg	Djelid	761	763	764	763
6	Djelid	Weg	Weg	Ferssi	762	760	760	762
7	Ferssi	Weg	Schadábia	Schadábia	760	762	765	764
8	Schadábia	Schadábia	Weg	Chor Ssofan	763	761	758	759
9	Chor Ssofan	Weg	Weg	Thuil	761	762	765	762

1869	Aufenthaltsörther				Barometer				
April	v.S.A.	9	3	n.S.U.	v.S.A.	9	3	n.S.U.	v.
10	Thuil	Weg	BirRessam	Gor-n-Nus	762	768	772	772	
11	Gor-n-Nus	Weg	Weg	Meschtèret	773	772	770	769	
12	Muschtèret	Weg	Weg	Audjila	769	772	770	770	
13			Audjila		767	770	767	768	
14			do.		767	767	765	767	
15	Audjila		Weg	Djalo	765			765	
16			Djalo		763	767	764	763	
17	Djalo	Weg	uadi		763		763	761	
18			uadi		757	761	760	759	
19			do.		756	760	756	756	
20			do.		756	759	760	763	
21			do.		763	765	766	764	
22			do.		763	766[6)]	766	765	
23			do.		765	767	765	764	
24			do.		763	763	764	761	
25	uadi		Weg	Msuan	760	765		761	
26	Msuan			Ismael	758			763	
27	Ismael			Gerdobia	758			763	
28					760	765	763	762	
29					759			760	
30					758		760	760	
Mai									

Mai						
1	Tarfaya		Bu Allua	760	763	763
2	Bu Allua		Hoësa	763	766	765

1869 Aufenthaltsörther Barometer Th

Mai	v.S.A.	9	3	n.S.U.	v.S.A.	9	3	n.S.U.	v.S.A
3	Hoësa			Gaigab	762		763	763	25
4	Gaigab		Schiata		763		765	765	22
5	Schiata			Maragi	765	767		765	16
6	Maragi	Chamisa	Siua		764	767	768	768	15
7		Siua			768	768	765	767	20
8		do.			767	768	766	766	17
9		do.			766	767	764	764	18
10		do.			762	763	762	761	17
11	Siua		Agermi		764	765	764	763	17
12	Agermi	Weg	Weg	Huemen	765	767	764	764	19
13	Huemen	Weg	Weg	Weg	764	1)		749	20
14	Weg	Weg	Um es sserir		748	2)Weg	768	765	14
15		Um es sserir			765	768	765	766	15
16	Um es sserir	Weg	Weg	Weg	763	770	770	770	18
17	Weg	Weg	Weg	Weg	768	772	770	770	18
18	Weg	Weg	Weg	Weg	767	773	771	770	21
19	Weg	Weg	Weg	Bel Gerady	778	770	770	778	20
20	Bel Gerady	Weg	Weg	Weg	766	765	763	760	16
21	Weg	Weg	Morhara	Morhara	760	760	769	767	16
22	Morhara	Weg	Weg	Weg	5)767	755	755	759	18
23	Weg	Weg	Weg	Bir Hamman	6)757	756	760	762	20
24	Bir Hamman	Weg	Weg	Brunnen	760	763	762	763	18
25	Bir Hamman	Weg	Alexandria		762	764	762	761	18

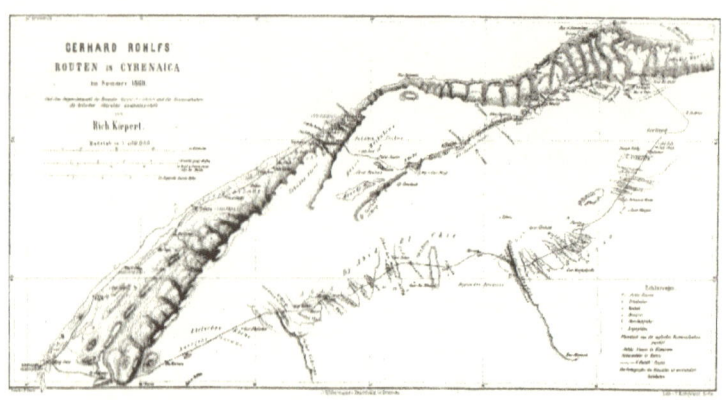

DIE AMMONS-OASE ODER SIUAH aufgenommen 1863 von Gerhard Rohlfs.

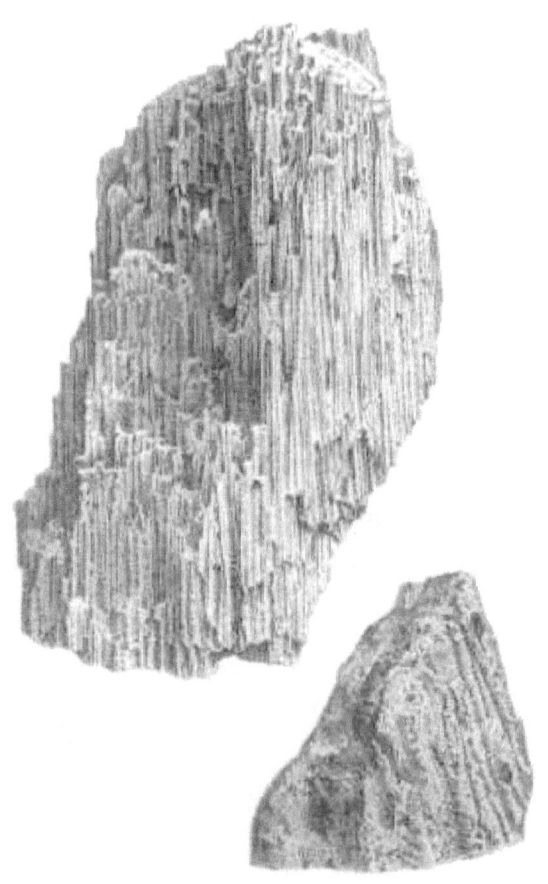

Versteinertes Holz aus der Ammons Oase.

Asterit aus der Oase des Jupiter-Ammon.

I. Ostracit, II. Salz, III. Chalcedonröhre u. IV. versteinerte Muschelarten der Ammons Oase.

In unserm Verlage sind ferner erschienen:

Gerhard Rohlfs, Reise durch Marokko, Übersteigung des grossen Atlas, Exploration der Oasen von Tafilet, Tuat und Tidikelt und Reise durch die grosse Wüste über Rhadames nach Tripoli. Mit einer Karte von Nord-Afrika von Dr. A. Petermann. Zweite Auflage. Preis: 1 Thlr. 20 Sgr.

Im Auftrage Sr. Majestät des Königs von Preussen mit dem Englischen Expeditionscorps in Abessinien. Mit dem Portrait des General **Napier** und einer Karte von Abessinien von Dr. A. Petermann. Preis: 1 Thlr. 25 Sgr.

Land und Leute in Afrika. Berichte aus den Jahren 1865–1870. Preis: 1-1/3 Thlr.

Ferner erschien in unserm Verlage:

Ludwig Brunier, Louise. Eine deutsche Königin. Mit dem Portrait der Königin Louise von Preussen. Preis: 1-1/3 Thlr., eleg. gebunden mit Goldschnitt 1-5/6 Thlr.

Prachtausgabe. Preis: 2 Thlr., elegant gebunden in Kalblederband mit Goldschnitt 3-1/3 Thlr.

Bremen. **J. Kühtmann's Buchhandlung.**

Fußnoten:

¹⁾ Octbr 1869 lagen aus den Salzseen gewonnen noch 6,000,000 Oka Salz zum Verladen in Bengasi bereit, ausserdem von Carcora gewonnenen; und jährlich gehen nach der Levante durchschnittlich von dieser Stadt gegen 5,000,000 Oka. Mittheilungen von Chapman esq., brit. Consul in Bengasi.

²⁾ Die mitgebrachten Pflanzen werden durch eine besondere Broschüre von Dr. Ascherson beschrieben werden.

³⁾ Die Schriften le Maire's, der Cyrenaica noch vor della Cella besuchte, sind mir nicht zur Hand.

⁴⁾ Zeitschrift der Gesellschaft der Aerzte von Wien. 1. Theil. 1862.

⁵⁾ En Bidrag til Tydning af den i Oldtiden under Navn af Silfion meget anvendte og høit skattede, men senere forsvundene Kryderplante, af Prof. Dr. A. S. Ørsted, Kjøbenhavn, 1869.

⁶⁾ Fettschwanz.

⁷⁾ In Cyrenaica setzen die Araber nicht „beni" oder „uled" vor ihre Sippen, sondern „ailet", was gleichbedeutend ist, nur noch mehr den Begriff „Familie" ausdrückt.

⁸⁾ Englischer Consulatsbericht von Bengasi, 29. October 1869.

⁹⁾ S. die Nrn. des Ausland, Adjedabia noch unedirt, ebenso Gaigab.

¹⁰⁾ Schultert, präsentirt.

¹¹⁾ Um 12 Uhr 40 M. passirten wir uadi Ibeb nach dem Mittelmeere, dann uadi manasseh um 1 Uhr 15 M., uadi bird um 1 Uhr 20 M., beide zur Sahara gehend. Um 2 Uhr war der Marabut Sidi Homri mit Quelle links vom Wege, und um 3 Uhr das Kasr Abayan ½ St. östlich vom Wege, um 3 Uhr 40 M. der Berg Djilmana, ½ St. westlich vom Wege.

¹²⁾ Aufbruch 6¾ Uhr in 200° R., um 7½ uadi Shihr, nach der Wüste gehend, um 8 Uhr u. Smelah, gleichfalls nach der Wüste, um 8¼ das alte römische Castell Sirah und von diesem aus auf 1½ St. Entfernung das alte Castell

Meschedeschi in S.-O.-Richtung gepeilt. Von Sirah jetzt in S.-W.-Richtung weiter, und um 9 Uhr das uadi Dorr, das in die Wüste geht und auf 2 St. Entfernung im N.-W. das römische Castell Sehadeh. Um 9½ die Ruinen vom römischen Fort Siral el qedim, um 9¾ das uadi Djaf und das uadi Ibgehl, vereinigt der Sahara zufliessend; 11 Uhr 20 M. das uadi megad, welches auch in die Sahara geht. Von hier an in W.-Richtung weiter bei den Sheniet Chalil vorbei und mit dem uadi Schirb fortgehend, der in das uadi Farat übergeht, von der Hochebene herab nach 3 St. in Maraua. Am folgenden Tage Aufbr. 5¾ Uhr in S.-W.-Richtung, um 7 Uhr 240° R. Um 9 Uhr den von Nord nach Süd fliessenden uadi Gedede und die Richtung nun 250°. Von 9 Uhr 20 M. S.-W. Richtung, 9 Uhr 40 M. der nach Teknis führende Weg geschnitten und nun im uadi messamer, das in die Wüste geht. Um 10 Uhr das alte Castell Bu Rhassil eine St. südl. vom Wege. Um 11 Uhr auf einen Höhenzug, der von N.-W. nach S.-O. streicht und Schad ben Medja Wald heisst, auf diesem die Ruine Gasr Tolun, ½ St. nördl. vom Wege. Um 11½ Uhr das nach S. fliessende uadi mdud. Nach ¾ St. Aufenthalt um 12½ im uadi Rinfaid in W.-Richtung weiter, und um 1¾ Uhr den nach S. fliessenden uadi Stiksfara passirt. Um 2½ W.-Richtung und um 3 Uhr 10 M. den in die Sahara fliessenden uadi Schabl n Bet passirt, um 4 Uhr die Spitze des uadi Erköb und um 4¼ in Djerdes campirt.

[13] Um 6¾ Aufbr. von Djerdes in S.-W.-Richtung; gleich darauf passirten wir das nach S.-O. streichende Medjrah-Thal und mit dem von einem Knotenpunkte kommenden Benia-Thal S.-W. weitergehend, erreichten wir 8¾ die Wasserlöcher von Benia. Dicht am Wege, im N.-W. von uns, ist hier die römische Ruine Gasr Djebela. Nun heisst das Benia-Thal hier Gardab, wir durchzogen es westlich haltend, während uadi Gardab nach N.-W. umbiegt; um 10½ übersteigen wir eine von Süden kommende Gebirgszunge und kamen dann ins uadi Tolhan, welches ebenfalls nach N.-W. gehend, sich mit uadi Gardab zum uadi Djedj vereinigt und dann in den Birsia bei Tokra ins Meer fällt. Durchs uadi Bu Simmeh S.-W. vom Gab kommend, hatten wir 11½ die Ebelerhar-Ebene vor uns, durchschnitten in dieser den nach N.-W. ziehenden uadi Selitmitnan um 12¾ und lagerten, den Gasr Ebelerhar um 2 Uhr S.-O. vom Wege dicht liegen lassend, um 5 Uhr bei den Biar-Wasserlöchern.

[14] Alexandria und Cairo.

[15] An dem Tage Aufbruch um 6¾ Uhr in 150° Richtung. Um 7 Uhr 10 M. Ruinen von Mabruka, 8 Uhr Ruinen und Brunnen Bu-Drissa, 9¼ rechts vom Wege Massafa Brunnen und Ruinen; 11 Brunnen Ktiuë, hier ½ St. Aufenthalt und jetzt gerade S. R. 12½ Uhr Brunnen Ktet, 12¾ Ruinen von Batat, 1½ Brunnen Ktet el tani und gleich darauf Grab des Marabut Kellani, 3 Uhr 1 St.

östlich vom Wege der Snussi Sauya Tilimon, um 5 Uhr Lager.

[16)] Am 5. April Aufbruch 6½ Uhr in 160° R. 8¼ kobóret oder Gräber links am Wege, 9½ Gasr el Hussein, 1 St. rechts vom Wege, 10 Uhr Gasr magrún 1 St. rechts vom Wege, 11½–12½ Ruhe, 1 Uhr bir Simmach, 1¼ rechts vom Wege ¼ St. Komon-Hügel, 2½ links vom Wege gasr Scheban und Schebibi und rechts nach S.-W. 3 St. entfernt Gasr. Adams, 5½ Lager bei Oertlichkeit Djelil.

[17)] Am 6. April Aufbruch 6½ Uhr in 160° R. 7½ die Kubba Sid Hammed ben Thaib rechts dicht am Wege, um 8 Uhr rechts am Meere ca. 2 St. entfernt der Brunnen Ledjra, um 9 Uhr Gasr Dababia am Meere, um 10 Uhr Sidi Sultan Brunnen am Meere, um 11 Uhr links am Wege Gasr el Debah, um 11½ der Brunnen Milha, Pause hier bis 12¾, um 1 Uhr Brunnen Morsiffa, um 4 Uhr Sidi Faradji, um 5 Uhr Lager bei Oertlichkeit Ferssi.

[18)] Am 7. April Aufbruch in 160° R. und nach 3 St. bei Gasr Schadábia. Die drei Districte südlich von Hussein heissen Fadéla, Ferssi und Shiuf.

[19)] Αὐτομάλαξ φρούνιον war die südöstlichste Grenzfeste der Bewohner Cyrenaica's.

[20)] Es ist dies wohl della Cella's Aduchni.

[21)] Brunnen im Fareg von Westen nach Osten: 1) Ain kibrit, 2) Djafar, 3) Ssebat Bu Hamra, 4) Ssalemo, 5) Bel klebat, 6) Buttofal, 7) Tagsilt, 8) Busseria, 9) Ain Naga, 11) Bel Aissar, 12) Delemia, 13) Schagria, 14) Adjelan, 15) Bei Dafun, 16) B e s s e r i a, 17) Okadia, 18) Chasm el kübsch, 19) Shauono.

[22)] Nordöstlich von Djalo liegt noch ganz isolirt der kleine Ort Leschkerreh, der auch zur Gruppe gehört.

[23)] Kloster und Schule.

[24)] Das verlaufene Kameel, welches natürlich nordwärts gezogen war, wurde später von einer Arabertribe eingefangen, und durch die Verwendung des englischen Consuls, Mr. Chapman von Bengasi, nach der Stadt gebracht und dort verkauft. Es war aber so abgemagert, dass nicht mehr als 25 M.-Theresienth. dafür zu bekommen waren.

[25)] Am 27. April, Aufbruch um 6 Uhr, Richtung N.-O.; um 8 Uhr schwarzer Hügel Lumahi; um 9 Uhr Gobr Bu Fatma; um 2 Uhr kraterartiger Kessel Batron; um 5 Uhr ein anderer Brmt el Targi; um 6 Uhr Abends Lager in der Gerdobia.—Am 28. April, Aufbruch 6 Uhr in N.-O. Richt.; um 8 Uhr, Fum er

Rhart schirgi, und nun in östlicher Richtung, 10 Stunden Lager bei Kobr Benin u Banan.—Am 29. April, Aufbruch 5½ Uhr in östlicher Richt., um 8 Uhr, Bottom Fattoma, ein Wegweiser; um 11¼ Uhr, der Pass Schibiha; um 1¼ Uhr, der Hügel Gar-Chot mit 7 Gräbern Modjabra, um 2¾ Mueddin, Grab der 70 Sklaven, um 4¼ Uhr, der grossartige Aufgang, Rkbt el meheri, um 6 Uhr Lager.

[26] Am 1. Mai, ½ Stunde in östl. Richtung, 2 Stunden in 80°, 1 Stunde in 110° und Lager bei Bir Bu Allua; am 2. Mai 8 St. gelagert bei dem Sebcha Hoëssa; am 3. Mai 3 Stunden in östlicher Richt. und 6 Stunden in 80° Richt. beim 2 St. langen Lueschka-See, beim Necta-Sauya-See und beim über 3 Stunden langen el Araschich-See vorbei, Lager in Gaigab.

[27] Am 4. Mai, 6 Stunden in 160° Richt. und dann 3 Stunden in S.-O.-Richt., Lager am Schiata-See; am 5. Mai, 8 St. in S.-O.-R. bis Siuah.

[28] Masra sind die Ueberreste von zwei aus Steinen erbauten Thürmen, welche, durch eine Mauer verbunden, wohl aus der römischen Zeit herrühren, von einigen Reisenden für Amudeïn gehalten, liegen diese Ruinen weiter nach Nordwesten, dicht bei Bled el Rum.

[29] Alhagi Maurorum.

[30] Sebcha ist See, Lagune.

[31] Ich schreibe absichtlich bled el Rum und nicht bled er rum, im Arabischen geschrieben wechselt das el nie, wird aber häufig vor einem mit r, s, oder n anfangenden Worte er, es, en ausgesprochen. Indess vor r als einem l sehr verwandten Tone, bleibt es häufig in der Aussprache, so Harun al Raschid, nicht Harun ar Raschid. Oft aber wird er gesprochen Wohllauts halber, wo man el erwarten sollte, so sagt man nicht stafr el Lah, sondern stafr er Lah.

[32] Die meisten römischen Schriftsteller schreiben Hammon.

[33] Man sollte eigentlich Si-Uah schreiben.

[34] Chroniken.

[35] Alexandria in Aegypten.

[36] Mir steht nur eine alte Ausgabe von Kieperts grossem Atlas zu Gebote.

[37] Nach Hassenstein dürfte übrigens wegen der von Beurmann bestimmten westlicheren Lage von Audjila auch Siuah weiter nach Westen zu liegen

kommen.

38) Makrisi giebt sogar an es seien über 40.

39) Minutoli: Längsdurchmesser 60, Breitendurchmesser 20 Schritte, was wohl auf einem Irrthum beruht, da der Born fast vollkommen rund ist.

40) Die Quelle zu Rhadames hat ungefähr dieselbe Temperatur.

41) Vatonne fand das Rhadamser Quellenwasser bei 15° Temperatur zu 1,00231.

42) Natürlich alles Culturpflanzen, ausser der andern Wüstenvegetation fand ich in Siuah am Quell el Lif nur eine blühende Pflanze, nach Ascherson in Berlin eine Erythraea latifolia.

43) Uebrigens ist Jacksons Behauptung, die Ammonier seien vom Sus her eingewanderte Leute, weil sie Schellah sprechen, ebenso unrichtig, als wenn einer sagen wollte, die Bewohner vom Sus sind Ammonier, weil sie Schellah reden. S. Jackson account of Timbuctoo. Lond.

44) Das Oel ist ganz ausgezeichnet in der Ammons-Oase, und kann trotz der rohen Zubereitungsweise an Klarheit und Süssigkeit einen Vergleich mit den besten Sorten von Parma und der Provence aushalten.

45) Minutoli: die Seitenwände 15½' Länge, 4' 8" dick, Höhe von den Mäandern gerechnet 15', die Decksteine 5' breit, 3' dick.

46) Siehe Minutolis Reise zum Tempel des Jupiter Ammon etc., herausgegeben von Dr. E. H. Tölken, Berlin 1824.

47) bab el medina heisst Stadtthor.

48) Am 12. Mai, Aufbruch 5 Uhr, 1 Stunde in nordöstl. Richt. dann auf den Berg Temsdega-Erköb in 60° R. und nach 2 Stunden von hier auf Muley Yus in östl. Richt. Im Süden von Temsdega-Erköb und Muley Yus der Berg Tlaklibt. Südlich von Tlaklibt liegt 2 Stunden entfernt Dj. und Ain-Haderdid. Von hier in 60° Richt. weiter nach 1½ Stunden den vom Plateau kommenden u. Elketof, dann nach 1 Stunde den vom Plateau kommenden u. Ethel, die beide nach Südosten gehen, passirt. Sodann überschreitet man ein 1½ St. breites Blatt des Plateaus, das in die Niederung reicht, und nach einer halben Stunde Lager im u. Mohemen.

www.ingramcontent.com/pod-product-compliance
Lightning Source LLC
Chambersburg PA
CBHW022135160426
43197CB00009B/1289